The Man
Who Counted

[巴西] 马尔巴·塔罕 著

郑明萱 译

Malba Tahan

数学天方夜谭

海南出版社

·海口·

版权所有　不得翻印
版权合同登记号：　图字：　30-2017-144 号
　　图书在版编目（CIP）数据

　　数学天方夜谭 /（巴）马尔巴·塔罕 (Malba Tahan)
著；郑明萱译 . -- 海口：海南出版社，2018.1（2019.10 重印）
　　书名原文：The Man Who Counted
　　ISBN 978-7-5443-7814-7

　　Ⅰ . ①数… Ⅱ . ①马… ②郑… Ⅲ . ①数学 – 普及读
物 Ⅳ . ① O1-49

　　中国版本图书馆 CIP 数据核字 (2017) 第 306681 号

数学天方夜谭
SHUXUE TIANFANGYETAN

作　　者：〔巴西〕马尔巴·塔罕
译　　者：郑明萱
监　　制：冉子健
责任编辑：张　雪
策划编辑：李继勇
插　　画：王新乐
封面设计：周伟伟
责任印制：杨　程
印刷装订：三河市祥达印刷包装有限公司
读者服务：武　铠
出版发行：海南出版社
总社地址：海口市金盘开发区建设三横路 2 号 邮编：570216
北京地址：北京市朝阳区黄厂路 3 号院 7 号楼 102 室
电　　话：0898-66830929　010-87336670
电子邮箱：hnbook@263.net
经　　销：全国新华书店经销
出版日期：2018 年 1 月第 1 版　2019 年 10 月第 3 次印刷
开　　本：787mm×1092mm　1/16
印　　张：15.25
字　　数：176 千
书　　号：ISBN 978-7-5443-7814-7
定　　价：45.00 元

目录

1 邂逅

从撒马拉赴巴格达途中，我与
一位陌生旅人的有趣邂逅。

奉普慈特慈安拉之名！

我的名字是哈拿克·塔德·马伊阿。有一回，我从底格里斯河岸边的名城撒马拉出游归来，正随着胯下骆驼的缓慢步伐，一步步返回巴格达，却看见路旁有位旅人，衣衫简朴，坐在一块粗糙的大石上。他显然是因为旅途劳顿，在那里稍做休息。

我正要开口问安，略尽旅人路上相遇应有的礼貌形式，没想到对方竟站起身来，还恭谨有礼地吐出一串数字，令我大吃一惊："一百四十二万三千七百四十五。"然后他便迅速坐下，陷入静默，两只手扶着头，似乎完全沉浸在深思冥想之中。我在一段距离外停住骆驼的脚步，站在那里盯着他看，仿佛注目一座见证遥远传奇年代的历史巨碑。

过了片刻，那人又站起来，用清晰、慎重的声音，再喊出另一串同样不可思议的巨大数字："两百三十二万一千八百六十六。"

这位奇异的陌生旅人就这样突然起立、大声喊出百万之数、猛地坐下，来回重复了好几次。我实在按捺不住自己的好奇心，走上前去，以真主之名向他道了安，然后便问他：这些稀奇巨大的数目到底代表什么意思？

数数的人答道："陌生人啊，你的好奇心虽然打断了我的安静思绪与计数，但是我并不介意。而且，既然你问得如此彬彬有礼，那么我也乐意满足你的期待。不过，还是先让我把自己的故事说给你听吧。"

于是，他便说出下面这个故事，而我也忠实记录所听到的每一个字，好让您听得高兴。

2 有个人可以倚靠

在这一章里，巴睿弥智·撒米尔——我们这位数数的人，述说了他自身的故事。本章也记述我如何亲眼看见他的运算奇才，我们又如何成为同行旅伴。

"我名叫巴睿弥智·撒米尔，生于波斯。我的家乡是一处小村落库依，长年笼罩在亚拉腊山巨大的山影之下。小小年纪我就开始工作，为喀马他一位富家老爷放羊。

"每天第一道日光绽放，我就得带着大批羊只出去吃草，夜幕降临之前，又必须把它们赶回羊圈。我最怕的就是小羊走失，自己会受到严厉责罚。所以一天当中，常常把羊只来回数上好几遍。

"数来数去，我越数越好，有时只消瞥上一眼，就可以把一整批羊数得一只不差。为了练习，我又开始去数天上阵阵飞过的鸟儿。渐渐地，我培养出非常好的数数能力。于是我不断练习，翻新花样练习，数虫子、东数西数练习之下，几个月后我更神乎其技，竟然可以数出密密一窝蜂来。听起来很了不起，但比起我后来练成的其他更多本事，这根本只是小技。

"我那慷慨大度的主人，在两三处远地拥有庞大的绿洲枣子

林。一听说我在数字上拥有这等异能，便命令我负责他名下枣实的买卖。我以堆为单位，一堆堆地细数，于是在枣树叶下，一数便几乎数了10年。我的好主人对我为他带来的丰厚进账很满意，准了我4个月的假期。我现在就要前往巴格达探望亲友，同时也想一览这座名城壮丽的清真寺与豪华的宫殿。一路上，为避免浪费宝贵的光阴，我边走边练功，数着这一带的林木，还有树上芬芳的花朵，以及穿梭在林叶树丛间的飞鸟。"

说着，他指向近旁一株老无花果树，继续说道："比方那棵树吧，共有284根枝丫。每根枝丫上平均有347片叶子，所以计算总数就很容易了：那棵树上，总共长了98548片叶子。如何，我的朋友？"

"太神奇了！"我惊奇不已，大叫，"简直难以置信！一个人竟能只看一眼，就可以数出树上有几根枝丫，园中有多少花朵。这本事，可以令任何人都发大财呢！！"

"你真这么认为？"撒米尔也惊呼道，"我从来没这么想过：数它几百万片叶子、几百万只蜜蜂，就可以数出很多钱来。但这株树上到底长了几根枝丫，或那群倏忽飞过天际的鸟儿全部共有几只，谁可能会对这些感兴趣呢？"

我解释给他听："你这神奇的技能，可以施展到几万种不同的用途上去。比方在君士坦丁堡这种大帝都里，甚至在巴格达，你都可以为政府提供无价的功能。你可以帮他们数人口、数军队、数牲口。不论是国家资源、收成、税捐、日用商品、全国总资产，这些事物的数目的计算对你来说，一定都轻而易举。透过我的人脉关系——因为我正是巴格达人——我保证你不难在朝中找到个上好职位，为我们的哈里发穆他辛姆效力。或许，你甚至可以担任司库，或是为穆斯林君王当内务总官呢。"

数数的人答道："如果真能如此，那我打定主意了，一定要上巴格达去。"

于是不再多说，他立刻爬上骆驼，坐到我的背后——因为我们总共就只有这么一头骆驼——然后我们便出发往那座灿烂辉煌的城池去了。就从这一刻起，乡间小路上偶然结识的两名陌生人，不但成为朋友，也变成无法分离的同行旅伴。

撒米尔个性开朗，相当健谈，年纪还很轻（不到 26 岁），聪慧灵活，对数学这门科学极具天分。即使是最小、最不起眼的事物，他也能从中推出一般人难以想象的模拟关系，充分展现他在数学上的敏锐能力。他也很会说故事，各种趣闻、逸事，配上他本来就很奇特、生动的谈话，越发多彩多姿。

可是有时候，他却一连几小时都不开口，深陷在完全无法穿透的静默之中，思索天文数字级的运算。遇到这种情况，我就尽量地抑制自己，努力不去打扰他，让他可以安静思考，使用他那无与伦比的聪明脑袋，沉潜在数学那晦涩幽深的奥秘之中，进行奇妙迷人的新发现。而数学，正是经由我们阿拉伯民族极力的开发、拓展，才达到如此境地。

3 载重之牲畜

35 头骆驼，如何才能平分给阿拉伯三兄弟呢？数数的人巴睿弥智·撒米尔展现惊人功力，解决了这个显然无解的除法分配问题，不但令原本争执不下的三兄弟大为满意，更为我们两人带来意想不到的收获。

我们走了好几个钟头，都不曾停下来休息。就在这个时候，遇上了一件有趣的事，非常值得一述。我的旅伴撒米尔不负其"代数高手"盛名，在这件事上好好地发挥了他的奇才。

在一家破旧半倒的客栈附近，我们看见三名男子，正站在一批骆驼旁激烈争执。三人不断做出狂乱的动作与手势，彼此叫嚣、激辩，愤怒的叫声传入我们耳中：

"哪有这种事！"

"这简直是抢劫！"

"我绝对没办法同意！"

聪敏的撒米尔问他们到底在吵什么。

最年长的那位回答："我们是三兄弟，继承了 35 头骆驼。父亲的遗嘱明确指示：半数给我，1/3 给大弟哈米德，1/9 给小弟哈林姆。可是我们不晓得如何做成这项除法的分配，任何一个人提

出的建议，另外两人都有意见。我们试想了很多分法，却没有一种方式令大家都能接受。你想想看，35 的一半是 $17\frac{1}{2}$，而 1/3 和 1/9 呢，同样也是无论怎么除都没法得整数。我们怎么可能照父亲的遗愿而分呢？"

"非常简单，"数数的人答道，"我保证可以帮你们公平地分配妥当。可是首先，请让我将我和我友人骑的这头骆驼，加进你们的 35 头里去。多亏有这头优质的牲畜，在这个节骨眼上刚好把我们带到这里来。"

我一听，马上开口拦阻。

"这简直开玩笑，我决不能答应这种疯狂的事。没了骆驼，怎么继续走完我们的行程？"

撒米尔低声回我："别担心，我的巴格达友人。我很清楚自己在做什么。来，把你的骆驼给我，你就等着看结果吧。"

他的语气带着如此自信，因此我毫不犹疑，立刻把我那头漂亮的阿美交了出去。三兄弟待分的骆驼群里，于是又多加了一头。

撒米尔宣布："各位，我现在要进行一场公平又正确无误的分配。你们大家都瞧见了，现在一共有 36 头骆驼。"

他转向三兄弟中的老大，说："你本来应该得到 35 头的一半——也就是 $17\frac{1}{2}$。现在你却会得到 36 的半数——也就是 18 头。你应该没有什么抱怨了吧。因为这种分法，你还多得了呢。"

接着他又转向老二，说："你呢，哈米德，本来该得到 35 头的 1/3——也就是 11 头又带点零头。好，现在你却可以有 36 头的 1/3——也就是 12 头。你也不能抗议不公了吧，因为这样一分，你反而多得了呢。"

最后他对老么说："至于你，小哈林姆，根据你父亲的遗愿，你本来该继承 35 头的 1/7，也就是 3 头加上另外不到 1 头的骆驼。现在我反而要分给你 36 头的 1/7 ，也就是 4 头。你大大得了好处，因此该感激我呢。"

然后，他极具信心地做出结论："这个皆大欢喜的分法，人人得利，老大得了 18 头，老二得 12 头，老幺得 4 头。18 加 12 加 4，合起来是 34。因此 36 头骆驼剩下 2 头。其中一头，你们也知道，原本就属于我这位巴格达的友人。而另一头呢，理所当然应该归给在下，因为我为你们解决了这么复杂的遗产分配难题，令大家都很满意。""陌生客啊，你真是最聪慧的人！"三兄弟中的老大惊叹道，"我们接纳你的解决方式，我们完全相信，这个法子既公正又公平。"

聪敏的撒米尔，我们这位数数的人，便从那批极好的牲畜当中牵出一头，又把我原本的那头骆驼交还给我，说道："好啦，我亲爱的朋友，现在你可以舒服又满意地骑着你的骆驼继续上路。我呢，也有自家的坐骑驮着我呢。"

于是我们便重拾旅程，向巴格达进发。

题 解 说 明

◎ 35 头骆驼

关于这 35 头骆驼，其实很简单。

根据题目规定，35 头骆驼的遗产，必须以下列方式分给三个儿子：

老大继承一半，也就是 $17\frac{1}{2}$ 头。

老二继承 1/3，也就是 $11\frac{2}{3}$ 头。

老幺继承 1/9，也就是 $3\frac{8}{9}$ 头。

所以遵照立遗嘱人的这个心意分配，最后会剩下骆驼没分完，因为：

$$17\frac{1}{2} + 11\frac{2}{3} + 3\frac{8}{9} = 33\frac{1}{18}$$

请注意老大、老二、老幺所得的三部分，加起来总和并不等于 35，而是 $33\frac{1}{18}$。

因此，会有余额。

而余额呢，则等于 $1\frac{17}{18}$ 头骆驼。

这个分数 $\frac{17}{18}$，等于 1/2、1/3、1/9 三个分数之和，亦即先前三个除式所得的分数部分 1/2、2/3、8/9，各自的总数不足一。

也就是说，如果可以再多给老大 1/2 头骆驼，他就总共可得 18 头。再多给老二 1/3 头骆驼，他就总共可得 12 头。再多给老幺 1/9 头骆驼，他就总共可得 4 头。每人都分得一个整数。

但是再请注意，即使三兄弟都再多得到不满一头的骆驼，最后还是会剩下一整头骆驼没分出去。

所以，怎样做才能达到这个皆大欢喜的目的呢？

上面这个增加持分的做法，前提是总数必须是 36 而非 35 头骆驼（也就是说，被除数要多加上 1）。

但如果被除数真是 36，最后会剩下 2 头而不是 $1\frac{17}{18}$ 头骆驼。

因此结论就出来了：立遗嘱人当初想错了。

一个整数的一半，再加上它的 $\frac{1}{3}$，再加上它的 $\frac{1}{9}$，并不会等于原本的整数。

请看：

$$\frac{1}{2} + \frac{1}{3} + \frac{1}{9} = \frac{17}{18}$$

要令原本的整数变得完整，还差了 $\frac{1}{18}$。

这道题中，整数原本是 35 头骆驼。35 的 $\frac{1}{18}$，等于 $\frac{35}{18}$。也就是说，这个分数值等于 $1\frac{17}{18}$。

因此以上除式，依照立遗嘱人的遗愿，会剩下一个余数 $1\frac{17}{18}$。

我们的撒米尔发挥他的天才智慧，将未满一头的 $\frac{17}{18}$ 分配给三位继承人（于是每人都多得到一些），而多出来的那个整数就留给他自己了。

4 仔细考虑

我们在路上遇到一位负伤、饥饿的富有老爷。我们给了他8条面包，他也答应回报我们8枚金币。而这8枚金币，又是用何种令人称奇的方式分配的呢？撒米尔指出了3种分法：简单式、精确式、完美式。伊斯兰国家的一名显赫高官，大大地称赞我们这位数数的人。

三天后的途中，接近一处小村庄斯巴，一片废墟中，我们看见地上趴着一名可怜的旅人，衣衫褴褛，而且一看就知道身受重伤，状况非常凄惨。我们连忙上前救起这个不幸的家伙，然后他也把自己的悲惨遭遇说给我们听。

他的名字是纳瑟耳，是巴格达城最富有的商贾之一。几天之前，他的大队商旅正从巴斯拉回程，准备前往赫列，却在半途遭到袭击，来者是一批波斯族沙漠牧民。车队众人几乎都惨死在这伙强盗手下，身为商队领队的纳瑟耳，躲在自家奴仆尸身之间的沙地逃得不死，奇迹般地保住了性命。

说完这段悲惨的遭遇，他用颤抖的声音问我们："请问两位，身上可带有什么吃食？我已经快饿死了。"

"我有3条面包。"我说。

"我有5条。"数数的人说。

"好极了，"富商老爷说，"我恳求二位把面包分给我吃。我会公平合理地回报。我答应等我一回到巴格达，就回赠8枚金币。"

我们答应了他的请求。

第二天黄昏时分，我们抵达了那座号称东方之珠的名城巴格达。正要穿越熙来攘往的热闹广场，我们的去路却被一支华丽的队伍挡住。只见众多随员之前，一骑当先，高踞漂亮的栗色马儿背上的，正是本朝高官玛勒夫大人。他一看见与我们同行的纳瑟耳老爷，立刻命令身后那支耀目的队伍停步，大声唤他："发生了什么事，我的朋友？你怎么一身褴褛地到了巴格达城，还同两名陌生人走在一起？"

可怜的纳瑟耳老爷把事情原原本本地告诉了他，并热情地赞颂我们。

"立刻把酬金付给那两位陌生人。"玛勒夫大人吩咐随员，从钱囊中取出8枚金币交给纳瑟耳，又说，"我要立刻带你进宫。因为我们的哈里发——众虔信者的捍卫者，一定想得知这个消息：这群强盗贝都人，竟然又做出这等伤天害理的事。而且就在堂堂哈里发辖地之内，攻击我们的友人，洗劫我们的商队。"

于是纳瑟耳对我们说："在此向二位道别了，我的朋友。不过我要再次向你们表示感谢，并如先前承诺，回报你们的慷慨相助。"

他向数数的人说："这是5枚金币，谢谢您拿出的5条面包。"

然后又对我说："这是3枚，给您，我的巴格达友人，谢谢您的3条面包。"

非常出乎我的意料，数数的人却恭敬地表示异议："阁下！对不起，请容我说一句，这样的分配看来似乎简单明了，在数学上却不尽正确。我拿出 5 条面包，所以该分得 7 枚金币。我的朋友提供 3 条，所以只应得 1 枚。"

"以穆罕默德之名！"大人惊呼起来，显然对这种状况非常感兴趣，"请问这位陌生客，怎么会提出这等可笑的分法？"

数数的人不慌不忙上前，向这位朝廷要员报告如下：

"且让在下为大人您说个分明：我的建议在数学上绝对无误。您瞧，旅途之中，每当我们感到肚子饿了，我便拿出 1 条面包，平分成 3 等份，我们每人各吃了 1 份。所以，我的 5 条面包总共分成了 15 份，对吧？我朋友的 3 条，又是 9 份，加起来一共是 24 份。我的 15 份中，我自己吃了 8 份，所以实际上我等于只贡献了 7 份。我朋友提供 9 份，但是他本身也吃了 8 份，因此他只贡献了 1 份。我提供的 7 份，加上我朋友的 1 份，一共 8 份，都给了纳瑟耳。所以我该得 7 枚金币，我朋友只得 1 枚，如此分配方属合理。"

玛勒夫大人盛赞数数的人，然后便下令给他 7 枚金币，给我 1 枚。因为我们这位数学家提出的证明既合逻辑又极完美，全然无懈可击。

然而这个分法再公正，撒米尔显然还是不能满意。他转身向惊诧不已的大人阁下，继续又说："这个分法，我 7 他 1，虽然正如我所证明，在数学上可谓完美，但是在我们全能主的眼中却欠完美。"

说着，他又把金币收在一起，平均分成两堆，给我 4 枚，自己留下 4 枚。

"此人实在太不寻常！"大人宣布，"起先，他不肯接受'五三'的分配。然后提出证明，显示他自己有权利得到 7 枚，伙伴只得 1 枚。但是接下来，他竟然又把这些金币重新平分，将其中一半分给了他的伙伴。"

大人越说越热情："以全能者之名！这位年轻人不但在算学上聪明敏捷，同时也是一位美好又慷慨的友人。我要任命他担任我的秘书，今天就生效。"

数数的人答道："大人，我注意到您刚才一共说了30个词语、125个字母，说出了我这辈子所听到的最高美誉。愿安拉永远祝福保佑您！"

吾友撒米尔的运算奇才，甚至及于对方所用的词语、字母。我们全体都对他的天资啧啧称奇。

5 房钱争执

我们前往金鹅旅舍投宿。途中，撒米尔进行天文数字级的运算，算出我们这一路行程到底说了多少个字，平均每分钟又说了几个字。请看我们数数的人，如何解决另一难题。

与纳瑟耳和玛勒夫两位大人作别之后，我们便到苏莱曼清真寺区内一家小客栈金鹅旅舍投宿，并把坐骑卖给附近一位认识已久的骆驼夫。

前往客栈途中，我对撒米尔说："你看，我的朋友，我说得没错吧。我先前不是说过吗，像你这么有才能的运算好手，轻而易举就可以在巴格达找到一份理想工作。瞧！你才刚到这里，就被聘为大人的秘书。现在你不用再回库依那个石头地里的可怜小村子了。"

数数的人答道："虽然在此地我可能会发达又发财，但是有朝一日，我还是希望可以重返波斯，再见到我的家乡。一个人如果在外地寻得好运飞黄腾达，却忘了自己的祖国与儿时玩伴，就是个不知感恩的人。"

说着，他挽起我的手臂，又说："我们一路同行，正好整整走了8天。这8天里，为了厘清想法或思索疑点，我总共说了

414720 个字。而 8 天时间，总共加起来有 11520 分钟，所以我们可以算出全程之中，平均每分钟我说了 36 个字——也就是一小时说了 2160 个字。这表示我话说得很少，也意味着我很周到谨慎，不曾用无意义的言谈浪费你的时间。一个人如果过分安静、寡言少语，往往不讨人喜欢。反之，如果太过聒噪、废话连篇，也同样会引起同伴的厌烦不快。所以我们应该避免无谓的闲谈，但同时也不要惜言如金，因此而怠慢了彼此，反而不美。所以接下来，我要说一件奇妙有趣的事儿给你听。"

略略停顿一下，数数的人便开始讲述：

"从前在波斯的德黑兰城，有位年老商人，他有三个儿子。一天，老先生把孩子都叫到身边，告诉他们说：'谁能一整天不说一个无谓的字，我就奖赏他 23 枚金币。'

"夜幕来临，三个儿子回到年迈的父亲面前报到。老大说：'父亲啊，我今天省却了很多无谓的字句。因此我想，可以配得父亲您答应的奖赏。您记得的，就是一共 23 枚金币。'

"接下来是老二，也走到父亲身边，亲吻他的双手，然后只说了'晚安，父亲'，便不再多言。

"老幺呢，一个字也没说，就只走上前去，伸手摊掌向父亲索取奖赏。老商人观察了三个儿子的表现，开口说道：'老大，一边向我走来，一边说着各种废话，分散了我的注意力。老幺呢，又太简略。因此这个奖只归老二。老二说话合宜，又不啰唆；简单，却不做作。'"

故事说完了，撒米尔问我："你觉得老先生对三个儿子的评断，公不公平？"

我没有回答。我想，最好还是不要和他讨论这 23 枚金币为妙。这位老兄行事总是出人意料，能把任何事情都化为数字，成天就在那里计算平均值、解难破题。

一会儿，我们抵达了金鹅旅舍。客栈主人名叫老撒，以前曾为我父亲工作过。一见我，他就满面笑容地开心大叫："安拉与你同在，小爷。老撒永远随时为您效劳。"

我请他给我开一间房，我的朋友巴睿弥智·撒米尔——大运算家、朝廷大官玛勒夫大人的秘书，也需要一间。

"这位先生是个数学家？"老撒问道，"那来得正是时候，可以帮我解脱伤脑筋的困境。我和一位珠宝商人起了争执，我们两人辩了很久，但就是解决不了问题。"

一听说店内有位大数学家光临，几个好奇的人聚拢过来。那位珠宝商也被请了出来，他表示，自己也非常想知道如何可以解决这个难题。

"争执起因为何？"撒米尔问。

"此人，"老撒说，指着珠宝商人，"是从叙利亚来的，到我们巴格达这里卖宝石。他承诺我，如果他可以用100个第纳尔（通行于某些中东、北非伊斯兰国家的货币单位）的价钱把宝石全部卖掉，就付我20个第纳尔的房钱。如果能卖到200个，就付我35个第纳尔。结果兜售了几天之后，一共卖了140个第纳尔。根据我们的约定，他到底该欠我多少钱呢？"

"$24\frac{1}{2}$个第纳尔！"叙利亚商人喊道："如果卖了200个，要付你35个第纳尔，以此类推，如果只卖了20个第纳尔——只有200的1/10——自然就只欠你$3\frac{1}{2}$个第纳尔了。可是你也很清楚，结果我把宝石一共卖了140个第纳尔。若我没算错，140是20的7倍。所以，如果我的宝石卖了20个第纳尔，我必须付你$3\frac{1}{2}$个第纳尔，那么现在卖了140个第纳尔，我欠你的数字不正是$3\frac{1}{2}$的7倍，也就是$24\frac{1}{2}$个第纳尔吗！"

珠宝商主张的比例：

$$200 : 35 = 140 : x$$
$$x=（35×140）/200=24\frac{1}{2}$$

"不对不对！"老撒恼火地说，"照我的算法，应该是 28 个第纳尔。听好！如果卖了 100 个第纳尔，我可以得 20，那么卖了 140，自然该给我 28 个第纳尔了！！再清楚也不过！我算给你看！"

于是老撒开始说他的道理："如果 100 个第纳尔，我该得 20，那么每 10 个第纳尔——也就是 100 的 1/10——我该得 20 的 1/10，也就是 2 个第纳尔。因此，每一个 10，该给我 2，140 总共是多少个 10？ 14 个。所以既然卖了 140 个第纳尔，14 乘以 2，该给我 28 个第纳尔才是，就像我刚才已经说过的。"

老撒主张的比例：

$$100 : 20 = 140 : x$$
$$x=（20×140）/100=28$$

老撒算毕，中气十足地喊道："我应该得到 28 个第纳尔！这个数才对！"

"冷静一下，冷静一下，各位朋友，"数数的人插嘴道，"大家应该安静地解决问题，稍微讲些礼数。仓促行事，只会引发怒气，造成错误。两位建议的解法都不对，我算给你们看。"

他对叙利亚商人说："依照你们的约定，如果你的宝石可以卖

到 100 个第纳尔，你，必须付 20 个第纳尔作为房钱。但如果卖到
200 个第纳尔，就要付 35 个第纳尔。因此，我们可以得等式如下：

售价	房钱
200	35
−100	−20
100	15

"注意到了吗？售价差 100 个第纳尔，对应的房钱却只差 15
个第纳尔。这一点很清楚很透彻。"

"和骆驼奶一样清楚透彻。"两人都表示同意。

我们的数学家继续说道："售价增加 100，房钱则增加 15，
那我问你们：'现在售价只增加 40，房钱应增加多少？'先假定
相差 20，也就是 100 的 1/5，那么房钱应增加 3 个第纳尔，因为
15 的 1/5 是 3。既然现在相差 40，是 20 的两倍，那么房钱就应
该多加 6 个第纳尔。因此，全部宝石卖了 140 个第纳尔，房钱是
26 个第纳尔。"

撒米尔提出的比例：

$$100 : 15 = 40 : x$$
$$x = (15 \times 40)/100 = 6$$

"各位朋友，即使是表面最简单的数目，也能令最有智慧的
人眼花缭乱。甚至连那些看来完美无瑕的除法，有时其中也难免
暗藏谬误。但是正由于运算这件事莫测难定，数学家的学术威望

才如此不容否定。总之根据双方约定，这位先生必须付 26 个第纳尔，而不是他原先以为的 $24\frac{1}{2}$ 个第纳尔。此外，这个问题虽然最后获得解决，却仍剩下一点小异，不能随便略过。这个小异的大小，我无法用数目加以表达。"

"这位先生说得对，"叙利亚商人爽快地同意，"我看出我的算法错了。"

然后他毫不迟疑，立刻从袋中掏出 26 个第纳尔交给老撒，同时还送给撒米尔一只嵌了深色宝石的美丽金指环，向他表示由衷感谢。客栈中所有在场的人也都非常钦佩我们这位数数人的智慧。

题 解 说 明

◎珠宝商与房钱（单位：第纳尔）

这个题目的难处，在于下列本质，其实不难了解：

——在旅舍房钱与珠宝进账之间，并没有一定比例。请看：

如果珠宝商的珠宝卖得 100，就得付 20 块房钱。如果卖了 200，房钱却是 35 而非 40。

显然，这题目的因子之间缺乏一定的固定比例。

照理，依合理的逻辑思路，比例应该是这样的：

卖到 100——房钱 20

卖到 200——房钱 40

但是两人的约定却不是这样，而是：

卖到 100——房钱 20

卖到 200——房钱 35

遵照这个比例关系，现在卖价为 140，房钱到底应付多少，就得使用一种称为"插代递补"（interpolation）的方式计算。

6 数字审判

本章记述我们前去拜望玛勒夫大人时，在他府邸发生的状况。在那里我们遇见一位诗人，他不相信数字运算的神奇力量。数数的人当场示范，以独具创意的方式算出一支大型商队的骆驼总数。而未婚妻的年纪又和骆驼的耳朵有什么关系呢？撒米尔发现了"二次方友谊"，又讲了所罗门王之事。

　　第二次祈祷的时辰过后，我们便从金鹅旅舍出门，匆匆赶到哈里发朝中大员玛勒夫大人府上。一走进他的府邸，富丽的景象就令我目瞪口呆。

　　我们通过沉重的大铁门，由一名身材高大、两臂箍着金环的奴隶领路，走下一条狭窄的廊道，进入金碧辉煌的内花园。园子陈设高雅，两行橘子树密叶遮阴。园四周设有多道门，想来其中几扇必定通往后宫女眷所居的闺室。几名异教外邦女奴正在花圃丛间采花，一看见我们，便立刻飞奔逃开，躲藏到柱子后面。从这处优雅园林，我们又通过一堵高墙的窄门，来到了户外大露台，一座瓷砖铺砌的精美喷泉矗立中央，三个喷口溅涌出三道弧形水花，在阳光下闪烁跳跃。

　　我们继续跟在箍着金环的奴隶身后，穿过露台，这才进入正邸。然后又走过一系列各式厅堂，墙上悬挂着银线流苏壁毯，布置得富丽堂皇。最后终于抵达玛勒夫大人所在的厅堂，只见大人阁下倚在几张舒适的大垫上，正和两位友人交谈。

我认出其中一位，正是与我们一同走过沙漠的旅伴纳瑟耳老爷。另一人是个圆脸小个子，神情和善，一绺胡须稍带灰白，衣着讲究，佩着一枚半边金黄、半边色如暗铜的矩形大奖章。

玛勒夫大人非常亲切地接见了我们，然后便转身向那位佩戴饰章的友人笑着说："亲爱的大诗人，这就是那位大运算家，他身旁的年轻人则是我们巴格达的公民。他们两人在路上巧遇，当时他正在安拉的道路上漫步。"

我们向众位尊贵的老爷深深致意问安。原来他身旁的贵客是有名的诗人爱以兹德·阿布都·哈密德，也是我们哈里发穆他辛姆的密友。诗人身上佩戴的奇特奖章，正是由哈里发亲自颁发的，奖赏他写的一首长篇诗，全诗三万零两百句，不曾用到半个阿拉伯喉音字母：kaf、lam、ayn。

"玛勒夫吾友，对于这位波斯运算家的奇技，我还真有些不能置信呢。"诗人大笑道，"其实只要是数字组合，里面都会有点诡，可称作代数之巧吧。我记得有位智者曾去见玛达德之子哈勒特王，自称可以从沙中看出命数来。王却这样反问他：'你会做精确的数字运算吗？'智者听了一惊，还来不及恢复镇定，王又点头说：'如果你不懂得精确运算，你所谓的法眼根本不值一文。但如果你的法眼全只是从运算得来的，那也更没什么好信的。'我在印度也听过一句谚语：'七倍地不要信任运算，百倍地不要信任数学家。'"

"既然如此，为消除这种不信任感，"大人建议，"我们不妨好好测验一下我们这位客人。"

边说，他边从垫上起身，轻轻拉起撒米尔的手臂，领他到大厅一处阳台。推开窗扇，户外又是个开放露台，此时一地站满了骆驼，上好的骆驼，全都是优良的品种。我注意到其中有两三只是蒙古来的白毛骆驼，还有一些是毛色洁净的卡利种。

大人说："这是我昨天刚买下的一批上好骆驼，打算当作礼物送给我未婚妻的父亲。我想知道到底总共有几只。你能告诉我吗？"

为了让这场测试更为有趣，大人还低声把答案说给他的诗人朋友听。我可吓坏了，这么多骆驼！而且一直在场中走来走去绕动不停。要是我朋友算错了一两只，那我们这一趟拜访就要倒霉，倒大霉了。

可是撒米尔把眼睛一瞥，望向那群挪动不安的牲畜，就立刻答道："根据我的计算，大人哪，场中一共有 257 头骆驼。"

"正是！完全正确！"大人惊呼肯定，"257 头骆驼！我的安拉！"

"你怎么办到的？怎么能这么迅速又这么精确地算出来？"诗人惊异若狂，简直不敢相信，充满了好奇地问他。

"简单，"撒米尔向他解释，"若是一只只地去数，对我来说那太无趣了。所以我换了方法：先数蹄子，再算耳朵，加起来共是 1541。然后再把这数字加上个 1，除以 6，所得的商数正是整数：257。"

"老天！"大人欣喜地惊叹，"真是太不同凡响了！谁能想到他竟会用耳朵和蹄子来算，只是为了有趣！"

"我得这么向您报告，"撒米尔又开口道，"计算之所以似乎很难，有时候是因为计算者不够小心，或者能力不足。我在库依的时候，有次正看守着主人家的羊群，忽然一整队蝴蝶漫天如云飞过。旁边有个牧羊人问我能不能数出共有几只。我回答：'856。'他惊叫：'856？'好像觉得这个数字太夸张了。那一刻我忽然察觉自己的确算错了，原来我数的不是蝴蝶，而是它们的

翅膀。所以赶快除以 2，才是正确答案。"

大人听了放声大笑，在我耳中听来犹如音乐一般美妙。

"这整件事，却有一点我怎么也想不通，"诗人又问，态度非常正经严肃，"我知道为什么除以 6——4 条腿，2 只耳朵——可以得出骆驼的数目。但是我不懂，他为什么要把被除数 1541 再加上个 1，然后才去除呢。"

"很简单，"撒米尔答道，"刚才数耳朵的时候，我注意到有只骆驼有个小缺陷：它少了 1 只耳朵。所以为了求得整数，必须加上个 1。"

说完，他又转身问大人："不知这样问是否太过冒昧，敢问大人您的未婚妻今年贵庚？"

大人笑着回答："没关系，没关系，爱丝达儿今年 16 岁。"接着又说，声音里带了一丝怀疑、不解，"可是她的年纪，和我要致赠未来岳父的礼物，两者之间又有何关系？我一点也看不出来。"

"我只是想做个小小建议，"撒米尔答道，"如果您把那只有缺陷的骆驼拿掉，总数就变成 256，正好是 16 的平方：16 乘 16。如此一来，您要送给未来岳父的这份礼物，在数学上就完满无比了：骆驼的数目，恰恰是您心爱人儿的年纪。而 256 这个数字，则是二次方的结果——古圣先贤认为具有象征意义——257 却是质数。对相爱的人来说，二次方具有的内涵关系正是一个吉兆。关于平方数字，还有个很有趣的传说。您愿意听听吗？"

"乐意之至，"大人回答，"故事好，又说得好，听起来是一大享受。我向来都等不及倾听这样好听的故事。"

这番赞美令数数的人很感荣幸，他优雅地微微侧头，开始说他的故事了："这是一则关于所罗门王的故事，听说他为了表示自己的礼貌与智慧，特地送给未婚妻一盒珍珠，也就是示巴女王，美丽的贝尔金丝。总共是 529 颗珍珠，为什么是 529 呢？因为是 23 的平方——23 乘 23 得 529——女王芳龄 23 岁。而年轻少女爱丝达儿的 256，又更胜过 529。"

众人都有些吃惊地望着数数的人，他不慌不忙地继续说下去："256 这个 3 位数，若把 2、5、6 三个数字加起来，总和是 13，13 的平方是 169。1、6、9 这三个数字加起来又是 16。因此 13、16 之间存在奇妙的关系，我们称作二次方友数。如果数字会开口说话，我们可能会听到以下这样的对话：

"16 对 13 说：'我想向您聊表敬意，歌颂我们的友谊。我的平方是 256，2、5、6 这三个数字加起来正是 13。'

"13 则回复：'多谢您的美意，亲爱的友人。我也要以同样的方式回答。您瞧我的平方呢，则是 169，1、6、9 这三个数字加起来刚好是 16。'我想我已充分证明，256 这个数字确是上上之选，远胜原先的 257。"

"您这点子真是稀有，"大人答道，"我一定照办，虽然有人可能会说，我是从伟大的所罗门王那儿偷抄来的呢。"又转向诗人说："我看此人的智慧，实在不下于他的比喻及编故事的能力。我当初决定聘他为秘书，实在是高明之举。"

"很抱歉，可是在下不得不诚实禀报，"撒米尔却突然说，"除非我朋友哈拿克·塔德·马伊阿也能出任职位，我才能恭敬地接受您的聘用。他现在没有工作，也没有资产。"

我吓了一大跳，同时却又因数数的人的好心感到非常快慰。他竟以如此方式为我寻求大人阁下的有力荫庇。

"你的要求很公允，"大人答应了，"你的朋友可以担任书记，按级叙薪。"

我立刻接受这项任命，并向大人及好人儿撒米尔深表谢意。

7 上市场去

我们到市场去。撒米尔与蓝色缠头巾。"4个4"一案。50个第纳尔的难题。撒米尔破解难题,获得一件非常美丽的礼物作为酬谢。

几天后的一日,我们在大人邸内办完当天公事,便结伴到巴格达市集和几处花园散心。那天下午市面特别热闹,因为几小时之前,好几批满载货物的商队刚从大马士革来到。商队抵达向来是当地一大盛事,因为只有趁这个机会才能见到其他国家生产的百货,并与异国商贾会面交谈。因此全城都异常活络,闹哄哄一片生气蓬勃。

比方说,鞋店大街就挤得根本进不去;街面、库房到处都堆满了一袋袋、一箱箱的新到商品。从大马士革来的外邦人士,在市集上随意闲逛,漫不经心地打量着一个个摊位。空气中充斥着熏香、麻叶、香料的浓郁气味。菜商争执不下,几乎动手开打,彼此叫嚣怒骂。

有个摩苏尔来的年轻吉他乐师,坐在一堆麻布袋上,哼唱一首悲哀的曲儿:

人生有什么好计较，

如果或好或坏，

尽量简简单单过活。

我的歌唱完了。

又见店主站在店门口，大声推销他们的商品，大肆发挥阿拉伯人丰沛的想象力，天花乱坠，吆喝吹嘘：

"看看这件衣裳！王公苏丹级的美衣！"

"来来来！香喷喷的香水，唤回你老婆的爱意！"

"快瞧，大爷啊，这鞋，这美丽的长袖大袍，精灵都推荐给天使穿呢！"

撒米尔看上一条优雅鲜亮的蓝缠头巾，要价 4 个第纳尔。卖东西的是个驼子，叙利亚人。这家店铺也很特别，因为店内每件商品的价格都是 4 个第纳尔 ——不论是缠头巾、箱盒、短刃、手镯……一律同价。还挂了个牌子，上写：4 个 4。看到撒米尔想买这条缠头巾，我说："这么大手笔买条头巾，我觉得太浪费了。我们手上只有一点钱，而且房钱还没付呢。"

"我感兴趣的并不是头巾，"撒米尔回道，"你没注意这家店名叫'4 个 4'吗？巧合得不寻常，意义非凡。"

"巧合？为什么巧合？"

"这家店的名字，令我想起微积分里有个很奇妙的法则：利用 4 个 4，可以得出任何数字。"

我还来不及问这是什么神秘法则，撒米尔就已经在地面散布的细沙上写了起来，一面解释给我听：

"你想要数字 0 吗？再简单也不过。就只要写：

$$44-44$$

你看这个算式里面有 4 个 4，得数是 0。

那数字 1 呢？最简单的方式是：

$$\frac{44}{44}$$

44 除以 44，商为 1。

你想看 2 ？只要用 4 个 4，写成：

$$\frac{4}{4}+\frac{4}{4}$$

两个分数的和，加起来正是 2。3 ？更简单了。只要写：

$$\frac{4+4+4}{4}$$

请看被除数的和为 12，除以 4 得 3。所以数字 3 也可以由 4 个 4 求得。"

"那你怎么求出数字 4 呢？"我问。

"没有比这个更容易的了，"撒米尔解释道，"可以用好几种不同方式。比方下面这个算式：

$$4+\frac{4-4}{4}$$

你可以看出右半边的值为 0，左半边是 4。所以整个算式的和是 4 加 0，就是你要的 4。"

我看见那个叙利亚商人也在注意聆听撒米尔的说明，"4个4"的各种组合仿佛令他着迷了。

撒米尔继续说："如果我要得到数字 5——没问题。我们只要写：

$$\frac{4 \times 4 + 4}{4}$$

这个分数的分子是 20，下面的分母是 4，除得的商是 5。我们又用 4 个 4 写出了一个 5。

接下来再向 6 出发，这个算式漂亮极了：

$$\frac{4+4}{4}+4$$

同样将算式稍改一下，就给了我们一个 7：

$$\frac{44}{4}-4$$

想得 8 也很容易：

$$4+4+4-4$$

9 也很有意思：

$$4+4+\frac{4}{4}$$

现在我要写一个最优美的算式给你看：

$$\frac{44-4}{4}$$

等于 10，也是用 4 个 4 组成的。"

此时，一直在旁边毕恭毕敬安静聆听的驼背店主开口插话了："这一路听下来，我知道您一定是位卓越的数学家。两年前我自己也遇到一道数学难题，如果您能为我解谜，我愿意免费奉送您想买的那条蓝色缠头巾。"

然后他开始陈述："有一次，我借出去 100 个第纳尔，其中 50 个借给麦地那某位老爷，另外 50 个借给开罗来的一个商人。"

"大人分了四期还我的钱，分别如下：20、15、10、5，也就是

已还	20	尚欠	30
已还	15	尚欠	15
已还	10	尚欠	5
已还	5	尚欠	0
共计	50		50

请看，这位朋友，已还的与尚欠的，两栏加起来都分别各为 50。开罗那位商人也分四次还钱，分别如下：

已还	20	尚欠	30
已还	18	尚欠	12
已还	3	尚欠	9
已还	9	尚欠	0
共计	50		51

"请留意第一栏总数是 50——和前一个情况相同——可是另一栏的和却是 51 了。显然不对，不可能会这样。可是我不晓得怎么解释，为什么第二种还钱法会出现这种差异。我知道自己并没有被骗，因为借出去的钱全收回来了。可是为什么第一个例子的总和是 50，第二个例子的总和却变成 51，怎么解释这个不同呢？"

"我的朋友，"撒米尔开口道，"我只需要用几句话就可以解释这个现象。因为债务的余额，其实和整笔债的数字没有任何关系。我们不妨先假定 50 个第纳尔分三期偿还——第一期还 10 个第纳尔，第二期还 5 个第纳尔，第三期还 35 个第纳尔。因此连同余额，账单如下：

已还	10	尚欠	40
已还	5	尚欠	35
已还	35	尚欠	0
共计	50		75

这个例子里的第一栏总和仍是 50，可是债务余额栏总和却如你所见，变成 75 了。其实，还可以是 80、99、100、260、800，任何数字都有可能。完全只是出于巧合，才刚好也是 50，就像第一位老爷的例子那样。或是像第二位商人那样，变成 51。"

店主听懂了撒米尔的解释，两年来的困惑现在终于获得解决。满意的他也信守承诺，把那条售价 4 个第纳尔的蓝色缠头巾送给我们这位数数的人。

题解说明

◎ 4 个 4

"4 个 4"题的定义如下:"利用 4 个 4,加上数学符号,写成数学式以表示一个特定的整数值。不可使用 4 之外的任何数字、字母,或内含字母的代数符号,如 log、lim 等等。"

在多位演算者的耐心努力之下,已经证实的确可依上述定义,写出从 0 到 100 的所有整数值。

有时必须用到阶乘符号(!),或开根号。可是立方根就无法使用,因为是 3。

阶乘:一数之阶乘,系指由数字 1 开始,一直乘到此数本身的所有自然数相乘之积。

因此,4 的阶乘表示法为 4!,等于 1 乘以 2 乘以 3 再乘以 4,也就是 24。

利用 4 的阶乘,很容易就可以写出如下数学式:

4! + 4! + (4/4)

其值为 49,因为演算值等于 24 加 24 加 1。

再看:

4! × 4 + (4/4)

值为 97。

　　某些数学家的解法，多少有些勉强。比方其中一个法子就动用到两个平方根，一个除式，再加上一个加式，才表示出数值24。在此我们却另有一个比较简单的解法，只需使用阶乘即可：

$$4! + 4 (4 - 4)$$

　　有了 24，再求 25 就很简单了：

$$25 = 4! + 4^{4 - 4}$$

　　简直是漂亮到不行！这里出现了 0 这个幂数。我们知道：每个数值的 0 次方都等于 1，因此这个数式的第二个部分值为 1。

　　接下来 26 也就不难了：

$$26 = 4! + (4 + 4) / 4$$

8 极乐之境

撒米尔大谈各种几何图形。我们幸会纳瑟耳老爷,以及他的几位绵羊大户好友。撒米尔解决了 21 桶酒的问题。不见了的那枚第纳尔原来如此。

撒米尔收下叙利亚店主送的礼物,非常开心,把缠头巾翻来覆去仔细端详:"做得真是非常精致。可惜,只有一个瑕疵。其实可以很简单就避免了:这头巾的形状不完全合乎几何。"

我看着他,无法掩饰自己的惊讶。这人真是太特别了,任何普普通通的事物到了他的手里,都可以转变成和数学有关,甚至到了连缠头巾都可以由几何形状来考虑的地步。

"我想,你应该不会大惊小怪吧,吾友,"我聪明睿智的波斯友人说,"看到我竟然连缠头巾的形状都希望可以合乎几何。事实上,这世界**处处皆几何**。想想看,各种寻常却完美的形体:花朵、树叶、无数动物,都展露美不胜收的对称之美,令人心灵愉悦。我再说一次,几何,无处不在:在太阳的圆盘里,在叶子里,在彩虹里,在蝴蝶、钻石、海星里,在最细小的沙粒之中。大自然内,充满了道不尽、说不完的几何模样。乌鸦缓缓飞过，漆黑的躯体在天际画出美妙线条。骆驼的血液在血管内循环流动，也服从严格的几何规则。哺乳动物之中，唯独骆驼背上有峰，而且是独特的椭圆形。掷石吓退入侵的胡狼，石子在空中描绘的那尾完美弧度，称作抛物线。蜂室是六角形的棱柱晶体，蜂儿充分利用这个几何形状，以最经济省料的方式筑巢。

"**几何啊几何，无处不在**。但却要用眼去看，用头脑去了解，用心灵去欣赏。粗野的贝都人虽然看得到几何形状，却不了解几何；逊尼派人了解几何，却不会欣赏几何。只有艺术家，才能看出这些形状的完美，体会到它们的美丽，更对它们的秩序、和谐称奇不已。真主是最伟大的几何家。他以几何排列天地。波斯有一种植物，是骆驼、绵羊最爱找来吃的食物，它的种子形状……"

于是如此这般，撒米尔热情迸发、滔滔不绝地谈着各形几何之美，从市集商场走到胜利桥，长长一段路，一路讲个不停，我静静地走在他身旁，听得入神，完全被他这篇奇妙畅论的开启迷住了。

穿过慕阿真方场（这里也叫作骆驼夫歇脚区），进入眼帘的是那间美丽的七苦客栈（典出天主教传统：圣母马利亚为爱子有七种痛苦），天气炎热的时候，不论是贝都人或大马士革、摩苏尔等地来的旅人，都最爱光顾此店。这家店最出色的地方是它的内部中庭，夏天阴凉蔽日，四面墙爬满五颜六色的利比亚山间植物，令人感到幽静恬适。

老旧的木头招牌上，写着"七苦"两个大字，贝都人的骆驼便系在一旁。撒米尔喃喃道："好奇特！你有没有可能刚好认识这家客栈的老板呢？"

"我跟他很熟，"我答道，"这老板以前是从的黎波里来的绳子商人，他父亲曾在哈里发奎汶底下做事。大家叫他的黎波里人，都对他印象不错，因为他性子单纯开朗，心地又好。听说他曾随大队雇佣兵跨越沙漠去过苏丹国，后来从非洲带回五名奴隶，忠心耿耿地服侍他。回来之后，他就不再做绳索生意，带着五个奴隶改开了这家客栈。"

"不管有没有奴隶帮忙，"撒米尔答道，"这个人，这位的黎波里人士，都一定是个很有创意的人。他在店名里用上 7 这个数字，而 7 呢，不论对穆罕默德的门徒、基督的信徒、犹太人、拜偶像者、异教徒，或不信者来说，都是一个圣数——由 3 和 4 这两个数字加成所得。3 具有属天神性，4 则象征属地的物质世界。其他有许多总和是 7 的事物，也因这层关系而有奇异联系：

地狱有 7 门，
一周有 7 天，
希腊有 7 贤，
地面有 7 海，
天上有 7 星，
世间有 7 奇。

他正滔滔不绝数说着他对这个圣数的奇特观察心得，我们的好友纳瑟耳在店门口出现，挥手示意我们上前。

"啊数数的人，刚好碰上你，真是太高兴了，"我们走上前去，纳瑟耳老爷笑着说道，"你来得真正凑巧，真是上天保佑，正好可以帮我也帮店里这三位朋友一个忙。"然后又语气带同情，却更兴致勃勃地说："请进，快请进！这事实在棘手。"

他领我们走下一道阴暗潮湿的走廊，来到光亮宜人的中庭，庭内摆了五六张圆桌。其中一张坐着三位旅人。

纳瑟耳老爷和数数的人走上前去，桌上三人抬起头来，向他们招呼问安。其中一位看来非常年轻，个子高挑修长，眼光清澈，头戴镶白边的鲜黄缠头巾，巾沿嵌了一颗美丽异常的祖母绿宝石。另两位则矮壮结实，宽肩阔背，典型的非洲贝都人黝黑肤色。衣着、外貌，立刻显出三人的不同。他们正在密切讨论着什么事情，从手势看来，问题显然很令他们头痛，正是碰上难题时会有的姿态神情。

纳瑟耳老爷对他们说："这就是那位知名的运算大师。"又对撒米尔说："这三位是我的友人，都是大马士革的绵羊大户。他们现在面对一个问题，我从来没遇到过这种奇事。事情是这样的：他们合卖了一小批绵羊，在巴格达这里收到 21 桶好酒作为货款，桶子的大小、形状完全一样，但是：

7 桶全满

7 桶半满

7 桶全空

"现在他们要平分这些货款，每人分到的桶数、酒量都要相同。桶子好分——每人 7 桶就成。但是我知道这酒却难分，因为不能把桶子打开，必须保留原状原封。现在就看你的了，数数的人，有没有可能为这问题找到满意的答案？"

撒米尔思索了两三分钟，答道："要分这 21 桶酒，纳瑟耳老爷，其实用不着太复杂。我想建议一种最简单的分法。第一位分到：

3 满桶

1 半桶

3 空桶

加起来一共是 7 桶。第二位分到：

2 满桶

3 半桶

2 空桶

也是总共 7 桶。第三位也同样分到 7 桶，分配方式和第二位一样。所以根据在下的分配方式，三方都各分到 7 个桶子，分得的酒量也完全相同。假定一满桶的酒算两份，半桶的酒则是一份。那么根据以上分法，第一位可得：

2+2+2+1

总共是 7 个单位。其他两位则各得：

2+2+1+1+1

加起来也是 7 个单位。证明我刚才建议的分法既精确又公正。这问题看似复杂，其实用数学解决一点不难。"

大家听了都满心欢喜地接纳，不但大人如此，那三位大马士革人士也是如此。

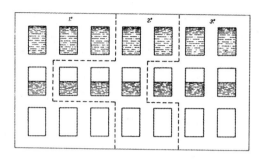

如图，以最简单的形式，
如何平分 21 桶酒

"啊，以安拉之名！"那位头饰祖母绿宝石的年轻人惊呼，"这位运算家简直太惊人了！一下子就解决了我们觉得难到不行的问题。"然后转身向店主和气地问："的黎波里人，我们这桌的账是多少？"

"各位的账单，连同用餐，一共是 30 个第纳尔。"店主答道。纳瑟耳想请客，可是大马士革来的三位哪里能肯，于是又起了一场小讨论，加上彼此恭维、互相感谢的言辞，每个人都在同时发话。最后终于决定：纳瑟耳是客，一毛都不该付；那三位则每人出 10 个第纳尔。于是 30 个第纳尔便递给店主手下一名苏丹奴隶，让他交付他的主人。一会儿，只见奴隶返回说道："敝主人说他算错了。应该是 25 个第纳尔，所以吩咐我将这 5 个第纳尔还给各位。"

"那位的黎波里人真是正直可敬。"纳瑟耳不禁赞道。同时拿回 5 个第纳尔，还给三人每人一个。剩下两个，他和大马士革来的三人迅速交换了个眼神，便将那两个赏给服侍他们上菜的苏丹黑奴。

此时，那位头饰绿宝石的年轻人站起身，严肃地望向他的友人，说道："拿出 30 个第纳尔付账这件事，现在使我们面对了一个严重问题。"

"问题？我看不出有什么问题。"大人惊异地问。

"哦，很有问题，"大马士革人回道，"问题大着呢，虽然看来似乎可笑，其实很严肃：因为一个第纳尔就这么凭空消失了。想想看，我们每人付了9个第纳尔，所以三九二十七。再加上大人赏给黑奴的2个，一共是29个第纳尔。可是我们原先一共付了30个第纳尔给的黎波里人，现在却只算出29个的下落。那么，还有1个怎么不见了？那个第纳尔跑到哪儿去了？"

纳瑟耳思索了一会儿："你说得没错，我的朋友。的确有问题。如果你们每人付了9个第纳尔，黑奴又拿去2个，加起来确实是29。原先的30个第纳尔有1个失踪了。怎么会这样？"

一直没作声的撒米尔，此时开口插嘴对大人说："您弄错了，大人。这账不是这样算的。各位拿了30个第纳尔付账，其中25个给了的黎波里人，找回3个，2个当了小费。没有任何一个第纳尔失踪，清清楚楚，毫无问题。付出去的27个里面，的黎波里人拿到25个，黑奴是2个。"

大马士革人一听撒米尔的解释，立刻哄然大笑。"以先知大贤之名！"最年长的那位惊叹道，"这位数数的人果然解决了失踪的第纳尔之谜，也挽救了这家客栈的信誉。感谢归于安拉！"

题 解 说 明

◎ 21 个酒桶

这个题目另有一个解法，和书中提出的那个同样高明，解法如下：

第一位合伙人分得：1 个整桶，5 个半桶，1 个空桶。

第二位合伙人分得：3 个整桶，1 个半桶，3 个空桶。

第三位合伙人分得：3 个整桶，1 个半桶，3 个空桶，和第二人相同。

9 命中注定

大诗人爱以兹德老爷亲自来见我们。星相家预言的奇异结果。女人与数学。撒米尔受邀教导一位少女学习数学。这位少女的奇特处境。撒米尔告诉我们他那位亦师亦友的师父：智者诺以林。

穆哈兰姆圣月（正月）最后一日，日落之时，知名的大诗人爱以兹德·阿布都·哈密德来客栈找我们。

"又有新问题需要解决吗，大人？"撒米尔笑问。

"你猜得没错，朋友！"我们的访客回道，"我面对着一个天大的难题。我有个女儿名叫泰拉辛蜜，非常聪慧又好学。小女出生的时候，我请教过一位有名的星相家，此人擅长观云占星预卜未来。他告诉我说，小女这一生，头18年会很幸福快乐，但一过18岁，就会遭遇一连串不幸打击。不过他也有个法子为她解厄。他说，泰拉辛蜜必须学习数字之道，以及其中各种运算。可是要精通数字与运算，就必须懂得大数学家花剌子模之学，也就是数学。所以我决定让小女学习微积分与几何，以保障她来日幸福。"

亲切和蔼的大人停顿一下，又继续说："我在朝中寻过无数学者，可是没有一人能教导一个 17 岁的年轻姑娘学习几何。其中一位天资异禀的智者还劝我打消这个念头，甚至问我：'你想教长颈鹿唱歌？'这位有智慧的圣者还说：'长颈鹿的声带根本没法发出任何声音。那只会浪费时间，白耗力气。长颈鹿永远都唱不出歌。女人的脑袋呢，同样也无法领会几何要义。这门独特的科学，乃是借助逻辑与比例之力，建立在理性推理、等式运用以及明确法则的应用之上。一个女孩子家，整天关在她爹爹的内宅里，怎么可能学会代数公式或几何原理呢？永远都没有可能！女人去学数学？还不如叫头大鲸鱼游到麦加去朝圣还更容易些呢！完全不可能的事，何必去尝试呢？如果厄运非降临不可，那也是安拉的旨意。'"

大人神情焦虑严肃，从垫上起身，在房中来回踱步，然后面色更凝重了："听到这番话，我十分沮丧，心情非常低落。可是有天我去拜访吾友大商人纳瑟耳，却听见他不断热情赞誉某位刚从波斯来到巴格达的运算家。我听到了那 8 条面包的故事，包括所有细节，留下极为深刻鲜明的印象。所以我四下去找这位数数的人，又特地前往玛勒夫府上去会他。在那里，我看见他别具一格地解决了 257 头骆驼的问题，把它们减成 256 头，简直叹为观止！您还记得吗？"

说着，大人举头严肃地望向我们数数的人，又说："你，我阿拉伯的弟兄，能够教导小女，学会运算之道的精微吗？我愿意付任何数目的酬劳，只要你说出来。你也可以继续在玛勒夫大人手下任职，担任他的秘书。"

"最慷慨的大人啊，"撒米尔立刻应道，"我看不出有任何理由回绝您高贵的邀聘。不出几个月，我就能教会令千金有关代数的运作与几何的奥秘。那些大哲人实在错上加错，完全误估了女性的智力。只要在好好引导之下，以女性的智慧绝对可以掌握科学的优美与奥秘。那些圣人、智者不公平的看法，可以很容易被推翻。史上有太多例子证明，女人一样能在数学上有出色的表现。比方亚历山德拉就有一位女子海巴夏，不但教导数以百计的人学习运算之道，还写了一篇文章评论代数鼻祖希腊人丢番图的著作，又分析那位与欧几里得、阿基米德并称的希腊数学家阿波罗尼奥斯难以解读的文本，更纠正了当时所使用的天文运算表。大人，不要怕也不要犹疑。令千金一定可以轻易理解毕达哥拉斯的学问，赞美安拉！接下来，只需要把第一堂课的日期、时间排定就可以了。"

高贵的爱以兹德回道："越快越好！泰拉辛蜜已经 17 岁了，我非常着急，想赶快把她从星相家预言的不幸中解脱出来。"又说："不过，我要先向你提醒一声，有个细节虽是小事，却很要紧。小女自幼生长在内宅，从未见过家人之外的男子。上课时她只能在厚帘幔后学习，脸也必须遮着，另外还会有两名家奴陪伴。这样的条件，你还愿意接受吗？"

"欣然从命。"撒米尔回答，"年轻姑娘家的端庄稳重，远比代数的公式更为重要。大哲柏拉图在他开办的学校门口，挂上这样一块牌子：

　　　不谙几何者一律不得进入

一日，有个行为向来放荡的年轻人跑来，非常热切地想进柏拉图学院。大师却断然拒绝，宣示'几何之学纯粹而简单。你这伤风败俗之徒，有辱这门清明纯正的科学'。所以，大哲苏格拉底的这位最出名的徒弟，就是以这个方式，突显出数学绝对不可

以和堕落失德同行，以免有辱它的清名。我很乐意指导令千金，虽然并不认识她，也永远不会有幸亲见她的容貌。如果安拉允许，我明天就可以开始上课。"

大人说："太好了。二次祈祷时刻之后，我就派仆人来接你。明日再会了。"

爱以兹德大人走后，我提醒数数的人，这个职责可能超出他的能力。"有件事我不懂，撒米尔，你自己从没从书本中学过一天数学，也没上过一天那些智士贤人开讲的课，怎么能教一个年轻女孩数学呢？你的演算能力这么出色，运用得如此美妙又合时，到底是怎么学来的？我知道你明明是在担任牧人的时节，从绵羊、无花果树、飞鸟身上，解开了运算的奥秘……"

"你弄错了，我的朋友，"撒米尔宁静安详地回答，"我还在波斯替主人看羊的时候，认识了一位苦行老僧，名叫诺以林。有一回起了严重沙暴，我救了他一命。从那时起，他就是我最亲近的友人。他是有学问的智者，教导我许多有用又奇妙的事。拜过这样一位老师，我当然可以把几何从头教起，一直教到亚历山德拉那位令人难忘的大师欧几里得所写的最后一本著作。"

10 一鸟在手

我们来到爱以兹德的府邸。脾气
暴躁的塔那提耳质疑撒米尔的运
算。笼中的鸟儿与完美的数字。
数数的人颂赞大人的仁慈。我们
听到一曲轻柔迷人的歌。

四点过后不久，我们离开客栈，前往大诗人爱以兹德老爷的府邸。一名讨喜又认真勤快的黑奴为我们带路，很快便穿过穆山街坊的蜿蜒巷弄，来到一所宏伟的宫室，宫室坐落在一处优美雅致的大园林中央。

如此不凡的气象，令撒米尔称奇赞叹。园子中央矗立着一座巨塔，散发出银色光泽，艳阳在上面洒下霞光万道。从广大的露台进去，穿过精雕细镂极尽艺术之美的铁栅门，便是爱以兹德府邸的正宅。然后是第二个中庭露台，中央是精心安排配置井然的花园，从中将房子分成两翼。一翼是主人家成员的卧室，另一翼是公共活动空间，包括会客用的沙龙间，大人经常在那里接待哲学家、诗人与高官大员。

虽然布置得很讲究，整座府邸却流露出一种低迷阴郁的感觉。从外面看去，那些横杠深锁的窗户，很难令人想象室内陈设的艺术精品。建筑两翼由一道长廊衔接,十根耸立的白色大理石柱撑起廊顶,柱间错落穿插着马蹄形拱门,基座砌着浮雕壁砖,地面是马赛克拼花。两道壮观的扶梯,也是白色大理石砌成,通向另一座花园,园中大水塘的四周种满各色香花异草。还有一个大笼鸟儿,笼子也用马赛克装点,似乎是园子的中心摆饰。笼内各式稀有珍禽,有的鸣声奇特,有的羽翅鲜艳,还有一些我完全不认识的品种更是美得出奇。

我们的主人从园中走过来,非常热诚地接待我们。在场还有一位黝黑、高瘦、宽肩的年轻人,举止之间,可以看出有些傲慢无礼。他腰间佩着一把装饰富丽、象牙剑柄的短刃。这年轻人目光锐利,眼神富有攻击意味,唐突又激动的语气,令人非常不舒服。

"噢,这就是你说的那个运算家?"他不屑地哼了一声,说话用字里全是鄙视,"你真是太容易相信人了,爱以兹德。就这么随随便便,让一个路过的乞丐接近我们美丽的泰拉辛蜜,还跟她说话?再怎么说你也不能做这样的事!以安拉之名,你真是太天真了!"然后邪恶地大笑。

这等恶劣无礼的态度可把我气坏了,真想用拳头教训这个浑球儿,撒米尔却一派安详,依然保持沉着。即使这样的场面、侮辱的言辞,或许我们这位数数的人,只不过从中又看见一个有待解决的题目而已。

诗人为那家伙的唐突感到不安,忙说道:"大数学家,请原谅我表亲塔那提耳急躁莽撞的评断。他不了解你高明的数学技能,因此还不能正确地判别欣赏。他实在只是因为太关心泰拉辛蜜的未来了。"

"没错!我不知道这个陌生人的数学功底如何。我管它有多少骆驼经过巴格达，寻找粮食或蔽身的地方？"年轻人高声大叫，然后又连珠炮似的说下去，舌头不时打结，"阿兄，用不上几分钟，我就可以向你证明，你完全被这个冒险分子的所谓才能给骗了。如果你不介意，我马上就可以叫这家伙的所谓科学完蛋。我从摩苏尔一位大师那儿曾经学来几招，你看着吧。"

"是是，真厉害，请出招吧，"爱以兹德答应他，"你现在就可以问这位运算家，任何难题都可以。"

"难题？有这个必要吗？谁会把智者的科学，拿来和笼中骗子的所谓科学做比较？"他粗鲁地回嘴反驳，"我向你保证，不需要出任何难题，就可以揭穿这个无知的神秘教派骗子。根本不必麻烦用到我的记忆，就能得到我要的结果，快到你想都想不到。"

说完，他冷冷地死盯着撒米尔，手指向大鸟笼，问："告诉我，'数鸟的家伙'，笼中共有几只鸟？"

巴睿弥智·撒米尔双臂交叉，非常专注地研究起那一大笼鲜羽亮彩的飞禽。我心想，这简直疯狂，哪有人还真的想去数出笼中到底有几只鸟儿？那些片刻不息、四处乱飞，从这个栖枝飞到那头落处的一大堆鸟儿。

空气中充满了屏息期待的静默。几秒钟后，数数的人转身向仁慈高雅的爱以兹德说道："恳请阁下同意，大人，立刻从笼中放出三只鸟儿，这样才可以更简单也令大家更赏心悦目地宣布答案。"

这项要求听起来还真蠢。照逻辑看，任何人若能数出一个特定数目，再多数三个又有何难呢？这项出乎意料的要求，令爱以兹德大感蹊跷，他命令管鸟人按照撒米尔的意见去做。只见三只美丽的蜂鸟一从笼中释放，便一飞冲天，如箭蹿入云霄。

"好，现在笼子里面，"撒米尔郑重其事地宣布，"一共有 496 只鸟。"

"太棒了！"爱以兹德兴奋地惊呼，"正是此数！塔那提耳也很清楚！我告诉过他，我总共收集了 500 只鸟。其中 1 只夜莺送到摩苏尔去了，现在我们又放走 3 只，正是剩下 496 只。"

"凑巧猜中罢了。"塔那提耳不快地咕哝着，手一挥，表情万分嫌恶。

爱以兹德非常好奇，忍不住问撒米尔："可否请你告诉我，为什么特别青睐 496 这个数目呢？496 加上 3 等于 499，不也一样很好算吗？"

"请容在下说明，大人，"撒米尔得意地回答，"我们数学家，总是偏好一些特别出色的数字，却避开那些无趣、平凡的数字。496、499 这两个数字摆在一起，再明显不过，肯定是 496 占上风，这是一个完美数，因此特别值得我们青睐。"

"完美数？这是什么意思呢？"诗人问，"怎样的数字是完美的数字？"

"一个完美的数字，"撒米尔解释，"等于它所有整除数的总和，但不包括它本身在内。所以，比方以 28 这个数字来说，一共有五个整除数：

> 1，2，4，7，14

这些数字都可以整除 28，而它们加起来则等于：

> 1+2+4+7+14

正好又是 28，丝毫不差。因此 28 也属于完美数一族。

数字 6 也很完美。6 有三个整除数，分别是：

1，2，3

加起来也是 6。

而 496 和 6、28 一样，就像我刚才说的，也是一个完美数。"

那个坏脾气的塔那提耳，此时已无法再忍受撒米尔进一步解释下去，他找了个理由向大人告辞，气呼呼地离开了，口中还咕哝不停。我们数学大师的高才，看来把他打击得不轻，只见他经过我身旁时，还狠狠射来一个极度轻视的眼神。

"我恳请你噢运算家，"爱以兹德大人再度致歉，"千万不要被我表亲塔那提耳的言辞冒犯。他是个暴躁性子，自从接手德伊得地方的盐矿后，脾气就变得更加易怒和凶暴了。他已经遇上好几次攻击，还遭奴隶行刺了五次。"

聪慧的撒米尔显然不想令大人烦心，仁爱而大度地回道："如果我们想与邻人和平相处，一定要克制自己的怒气，培养我们的善意。遇到他人侮辱，我都会尽力遵循所罗门的教诲：'愚妄人的恼怒立时显露，通达人能忍辱藏羞。'（箴言 12:16）我也永远忘不了我那心地仁慈的父亲的教导。每次他若见我激动想要报复，就劝我说：'凡对人谦卑的，真主眼中则被高举。'"

稍停了一下，他又说："但是呢，我其实非常感谢无礼侮慢的塔那提耳，我心中对他毫无怨恨。因为他蛮横的性子，我才有这机会做出新的爱心善行。"

"新的爱心善行？"大人讶异地回应，"又是指什么呢？"

"每当我们放出一只笼中鸟，"撒米尔解释，"就等于做了三件爱心善行。第一件是对那只小小鸟儿，使它回归当初被攫之前的自由。第二件是对我们自己的良心。第三件是对真主……"

"你的意思是，如果我把笼里的鸟全部放掉……"

"我向你保证，大人啊，那你就做出了1488件不得了的爱心善行！"撒米尔脱口而呼，仿佛他心里早就已经很清楚496乘以3是多少。

撒米尔这番话令宽宏大度的爱以兹德深受感动，决定将那巨大笼中的鸟儿全数放走。仆人、奴隶听见他的命令都惊呆了。要知道这整笼珍禽，是耗费无数耐心、努力，好不容易才搜罗而来的，实可谓价值连城，包括了鹧鸪、蜂鸟、鲜羽雉、黑鸥、马达加斯加鸭、高加索猫头鹰，还有中国、印度来的各型天鹅，尤其珍贵。

"把鸟全都放了！"爱以兹德又高声大喝，一挥他那只戴着璀璨指环的手。

宽阔的笼门大开，被擒的鸟儿飞涌而出，逃离原本困住它们的牢笼，布满了园中树顶的天际。

然后撒米尔又说："每一只双翼张开的鸟儿，都是一本书，它的书页开向天，它们是真主的藏书。若夺走或破坏真主的这些藏书，是一桩丑恶罪行。"

此时，我们忽然听见有歌声绽放，悠悠传来。如此轻柔美妙，与满天小燕子的啼啭、鸽儿的柔声咕鸣糅成一曲。一开始曲调迷醉忧伤，充满无限哀思、渴求，犹如一只孤寂的夜莺悲鸣叹息。接下来却渐次增强，拨向繁复的快节奏、轻盈明亮的颤音，以及迟疑羞怯的爱情呼唤，一声又一声，与这个午后的宁静形成强烈对比。歌如风中飞叶，在空中回绕不去，然后又回返先前那忧伤惋叹的氛围，犹如低声的耳语，飒飒在花园上空盘旋。

我若能说万人的方言，

并天使的话语，

却没有爱心，

我就成了鸣的锣、

响的钹一般。

我就算不得什么。

我就算不得什么。

我若有先知讲道之能，

也明白各样的奥秘、各样的知识，

而且能够移山，

却没有爱心，

我就算不得什么。

我就算不得什么。

我若将所有的，

赒济穷人，

又舍己身叫人焚烧，

却没有爱心，

我就算不得什么。

我就算不得什么。

（原文典出自《新约圣经·哥林多前书》十三章开篇。其后几节便是有名的"爱是永不止息"段落。哥林多前书、后书是基督教圣徒保罗写给希腊哥林多教会众信徒的书信，书成时间约在第一世纪中期。）

歌声令人沉醉，犹如一股无可言喻的欣喜，席卷了整个所在，连空气都似乎变得轻盈起来。

看见我们都在专心倾听，完全被这奇异的声音迷醉，大人说：“这是泰拉辛蜜在唱歌。”

　　鸟儿一只只飞走了，空中充满着它们愉悦的自由之歌。一共只有 496 只，却好像数以千计。

　　撒米尔完全沉浸在静默之中。美妙的乐符，穿透了他的心灵，与他为鸟儿重获自由而感到的喜悦结为一体。然后他抬起眼，寻找那歌声所来的地方。

　　“那些美丽的歌词，又是谁作的呢？”

　　大人回道：“我不知道。是一个基督徒奴隶教给泰拉辛蜜唱的。现在她已经完全忘不了这首歌了。一定是某位拿撒勒诗人所作。我妻子，泰拉辛蜜的母亲，是这么告诉我的。”

11 除此之外

本章记述撒米尔如何展开第一堂数学课。柏拉图的名言。真主的合一。何谓衡量？数学的各个成分。算学与数字。代数与关系。几何与形状。机械与星相。卡利布王做了个梦。"隐身的学生"向安拉献上祈祷。

撒米尔上课的房间很宽敞，屋子中央悬隔了一幅红色厚绒幔，自天花板直垂地面。天花板绘彩色斑斓，黄金梁柱金碧灿然。地毯上散放着大型的丝质坐垫、靠垫，垫缘铭绣了《可兰经》经文。房中四壁都以鲜丽的蓝色图案髹饰，交织以沙漠诗人安塔耳的美丽诗文。正中央两根大柱之间，更有金色字体衬着蓝色背景，是安塔耳欢乐颂的两句歌词：

> 真主钟爱的信徒
> 真主带领他获得灵启

薄暮渐垂，屋中弥漫着一缕馨柔的熏香与玫瑰的气息。晶亮光洁的大理石窗开向花园，可以看见屋外成排茂密的苹果树，一直延伸到汹涌暗蒙的河水。一名女黑奴侍立门边，没有蒙面，指

甲染着鲜艳的蔻丹。

"令千金在屋内吗？"撒米尔问大人。

"当然在此，"爱以兹德答道，"我吩咐小女坐在房中的另一头，就在帘幔后面，她可以听到也可以看到我们。不过我们这一边的人却完全看不到她。"

果然如此。整个房间的安排，没有任何人可以清楚看到撒米尔的这名年轻女学生，甚至连身影也瞧不见。或许，她是从厚绒幕幔的小孔中窥见我们吧，我们却完全感觉不到。

"我想，我们可以开始了，"大人吩咐，然后又以疼爱的口气说，"泰拉辛蜜，女儿，要专心哦。"

"遵命，父亲。"房中另一边传来一个教养良好的女人的响应。

撒米尔准备开始讲课：他合腿坐下，坐在房间中央的一个大坐垫上。我谨慎地在一角找个位置落座，尽可能让自己坐得越舒适越好。于是撒米尔开始授课，首先以祈祷开场："以安拉之名，普慈特慈的主，颂赞归于无所不在的宇宙创造者！真主的怜悯是我们最高的恩赐！我们敬爱你，噢主，恳求你的恩典。领导我们走正直的路，走在那些被你手所祝福者的道路。"

祷告完毕，撒米尔说："我们若在晴澄无风的夜晚举目看天，往往会油然而生一种渺小无能的感觉，我们无法理解真主之手的奇妙创作。我们充满惊奇的视线，望向那满天熠熠星辰，它们如同一列发光的车旅，纵队行过漫漫无垠的沙漠，环绕着巨大的星云与行星，遵循着永恒的天律法则，发自天地空间最深之处。与此同时，却又向我们提示一项最精确的概念，也就是'数字'的观念。

"从前，在希腊人犹是异教徒的年代，那里有一位哲学家名叫毕达哥拉斯——啊，真主是何等有智慧！毕达哥拉斯的门徒问

他：就人世的事来说，最首要的力量为何？这位智者答道：'数字，统摄一切。'

"没错。即使是最简单的思绪，也都无法不包括最根本的数字观念，就许多层面来说均是如此。沙漠中的贝都人俯首祈祷，喃喃念诵真主之名，这个时候他的灵里就充满着一个数字：'一，合一'。是的，根据圣书记载，又有穆罕默德大先知一再教导的真理告诉我们：真主是'一'、是永恒、是永远不变！因此，'一'这个数字，在人的智能架构之内，正是真主的象征。

"数字，是所有理性与理解的基础；从数字之中，产生了另一项绝对重要的概念，也就是'衡量'的概念。

"所谓衡量，其实就是去比较对照。不过，必须含有可以作为比较基准的元素，这样的数字才能够用来衡量。比方说，天地之大，可以测量吗？当然不能。空间是无限的、无边的，因此没有可以比较对照的基准。永恒，可以衡量吗？永远没有可能。以人类的尺度而言，时间也始终无限、无穷。如果要计算永恒，怎可能用如此瞬息短暂之物来衡量呢？

"不过在此之外，世间确有许多事物是可以衡量的，也就是说，或许我们可以使用一种计算起来更有把握的度量，去衡量那些原本并不符合我们体系尺度的事物。这项交换的目的，是使衡量的过程变得精简，构成了我们称为**数学**这门科学的主要研究对象。

"数学家为达成他的目的，必须研究数字、数字的质性，以及数字的排列。这个层面，称作**算学**。一旦对数字有了认识，就可以用它们去估算，并以算式或等式的符号表示，以求得不定维度或未知面向之值。这种方式，我们叫它作**代数**。我们对实物所做的衡量，则是由具体对象或象征符号表示。但是不论使用哪一种形式，这些具体对象或象征符号都具有三项属性，也就是形状、尺寸、位置。因此我们也必须研究这些属性，亦即**几何**探讨的对象。

"此外，数学处理的对象还包括种种规范了运动作用与运动力的法则，也就是令人肃然起敬的又一门科学：**力学**中所谓的定律。这还不止，数学又将这些奇妙资源交给另一门科学使用。这门科学提升了我们人类的心灵境界，开扩了我们人类的视野，这就是**天文学**。

"有些人以为，在数学的架构范畴之下，算术、代数、几何，是三门完全不同的学问，这是个严重的误解。这三门学问一起作用，彼此相帮相衬，有时候甚至可以互换。

"数学，教人学会简单、谦卑，是一切艺术与科学的根基。

"请让我转述一位也门王的遭遇给你听：这位闻名的也门王卡利布，一日正在他宫中宽敞的阳台上歇息，梦见自己瞧见七名少女沿着一条路在行走。少女们走了好一会儿，又累又渴，在灼热的沙漠烈日下停住脚步。就在这个时候，突然出现了一位美丽的公主，拿了壶清水给这一行少女喝。好心的公主消解了她们的干渴，少女们精神一振，继续前行。

"阿塞德王醒来，不可解的梦中印象如此深刻，决定召来那位有名的占星家撒尼泊为他解梦。他想知道，自己身为一位公正且强大的世间统治者，却在图像、奇幻的梦境世界见到这个异象，到底代表什么意思呢？占星家撒尼泊答道：'吾主，七名少女沿路而走，代表神圣艺术与人世科学：绘画、音乐、雕塑、建筑、雄辞、辨正、哲学。而前来济助她们的那位仁慈的公主，则是奇妙伟大的数学。'这位智者又说：'没有数学，艺术就无法晋进，所有科学也将萎灭。'王被这番话感动，决定在国境内所有城镇、绿洲组建数学中心，专门研究数学。于是在王的敕令之下，能人、智者、善辞之士，前往各地市集、酒馆、旅栈，到处传讲算术之学，教导各方贸易商人与游牧众民。不出几个月，全国变得更为繁荣。科学增进的同时，国家的真实财富也在增长：校中挤满学生、商业快速扩张、艺术作品增多、碑塔建筑矗立；奇珍异宝充溢城中，美不胜收。也门国将它自己大大敞开，朝向进步与财富，可是接下来却撞见了不幸！——天命注定啊！百花盛放的丰沛创作与繁华盛景，也一下子凋萎结束了。卡利布王合上双眼离开人世，被不信的异教徒阿色列送上天回返真主那里去了。君王驾崩，地上开了两个墓穴，一个穴迎来了这位彪炳王者的遗躯，一个穴则埋葬了其子民的艺术科学文化盛世。接位者是一个虚荣自负、好逸恶劳的新主子，脑袋空空，乏善可陈。新王把时间多花在无谓的享乐追逐上，却不肯关注国政问题。没有几个月，公务混乱失序，学校关门，艺术家与智者受坏人、盗贼威胁，纷纷被迫出亡走避。国库公帑遭违法挥霍，肆意浪费在无谓的庆典与滥奢的宴会上。管理不善之下，国家崩解，最后终于被见猎心喜的敌人攻溃征服。也门国破家亡，沦入敌人之手。

"卡利布王的故事显示，一国之民的进步，与他们数学能力的开发有所关联。全宇宙天地之间，数学是数字与衡量之结合。而'一'正是万物之始，是造物主的象征。但是若无众数字之间恒常不变的比例与关系，一切都将不复存在。生命的种种大奥秘，都可以还原、简化成我们可以解决的简单组合式，由变量素或常数素、已知或未知组成。

"为了解这门科学，我们必须由数字开始。我们将会看见如何检视这些数字，借由普慈特慈的安拉之助！

"平安！再会！"

数数的人便以这几句话结束了第一堂课。紧接着我们却惊喜地听见，那位隐身在帘幔之后的女学生发出下面的祈祷：

"噢，无所不在的真主，天地的创造者，请宽恕我们贫穷、狭小、无知的心。不要听我们的声音，却请倾听我们难以言喻、激动模糊的呐喊；不要顾念我们的欲求，却请恩慰我们的需要发出的呼求。多少时候，我们往往只会妄求那些永远不能成为我们所拥有的事物！

"真主是伟大的！

"哦，真主！我们为这个世界感谢你，为我们伟大的家园、为它的辽阔、它的富裕感谢你，我们为自己竟能身为其中一分子的世间感谢你，为它的包罗万象、为它的多彩多姿感谢你。我们赞美你，为蓝天的壮丽、为晚风的和煦、为天际的云彩与星子赞美你。我们称颂你，主，为汪洋的大海、为溪川的流水、为永恒的山峦、为茂密的绿林、为慰藉我们双足的鲜草地毡称颂你。

"真主是慈悲怜悯的！

"我们感戴你，主，为这许多令我们灵里感受生命与爱之美的众多欣喜的事物……

"哦，真主，普慈特慈的全怜悯者！求你原谅我们贫穷、狭小、无知的心。"

12 循环论证

撒米尔表露他对跳绳一事的迷醉。马拉赞弧形与蜘蛛。毕达哥拉斯与圆圈。我们与哈林姆再度相逢。60个瓜的问题。官员如何输了赌注。盲眼的报告祷告时刻者召唤信者进行落日晚祷。

我们辞了诗人的豪华府邸出来，时间已近黄昏晚祷时分。行经拉敏神坛，我们听见一株老无花果树的枝头有鸟儿啁啾。"看！这里面一定有些是今天白日释放的鸟儿！"我对撒米尔说，"听到它们重获自由的喜悦转为歌声悠扬，真是令人高兴！"此时的撒米尔，却对鸟儿的歌唱全然不感兴趣，他的注意力全被附近街头嬉戏的孩童攫住了。只见一群小孩在玩跳绳游戏，其中两位各握一根四五肘长的细绳两端，配合跳绳者的技巧能力，将绳子旋在空中悠高荡低。

"快看那根跳绳，我的巴格达友人！"我们的运算家拉着我的手臂，说，"你看那个完美的弧度，不觉得很值得研究研究吗？"

"你在说什么啊？那根绳子？"我叫起来，"我看不出有什么稀奇的地方，不过就是小孩子赶在天黑之前嬉戏一下罢了，有什么特别之处？"

"那么，我的朋友啊，你还真是视而不见，看不出自然的美与奇妙。孩子们抓住绳的两端，举起，然后让绳子被自身的重量带着自由落下。这个时候，由于自然力的运作，绳子就自然形成一个弧形。同样的弧形，我也在船帆或某些单峰骆驼背上见过，我师父智者诺以林把它们叫作马拉赞弧形。我不知道这个弧形是否和抛物线相类似，如若安拉允许，有朝一日，几何学家一定会找到方法描绘出这个弧形，一个点又一个点地绘出，而且他们也必会严密地研究它的质性。"

他继续说道："可是，另外还有许多更重要的弧形形状。首先就是正圆。希腊哲学家暨数学家毕达哥拉斯认为正圆形是最完美的弧形，因此正圆与完美的概念从此结为一体。而且作为所有弧形中最完美的弧形，它也是最容易画的弧形。"

说到这里，撒米尔却打断自己对弧形方才展开不久的滔滔演说，指着不远处一名年轻人大喊："哈林姆！"

年轻人倏然转身，向我们走来，脸上笑容可掬。我这才看出，原来他正是我们在沙漠中偶遇的三兄弟中的一位。那时他们正为父亲留下的35头骆驼遗产争执不下——实在很不好分，还外加1/3、1/9的难题，结果却被撒米尔轻松解决，方法如此巧妙，我先前已经叙述过了。

"啊，天注定再度带领我们遇上伟大的运算家。我哥哥哈米德正绞尽脑汁，想要解决一项没人能够破解的60个瓜的难题。"于是哈林姆带我们走到一处房舍，他哥哥哈米德正和其他7名商人在那里讨论。

哈米德见到撒米尔非常高兴，转身向商人们说："这位刚进来的仁兄是位大数学家。先前多亏他的相助，我们才能解决一个看似无解的死结，也就是如何把35头骆驼分给三人。我肯定同

样用不了几分钟，他一定也能帮我们解开我们的分歧：到底该如何计算这 60 个瓜的进账？"

于是，其中一位商人仔细地向撒米尔说分明："哈林姆、哈米德两兄弟拿了两批瓜给我到市场去卖。哈林姆拿来 30 个瓜，预备在市场上叫价 3 个瓜 1 个第纳尔；哈米德也给我 30 个瓜，可是价钱比较高，要卖 2 个瓜 1 个第纳尔。照逻辑来说，只要瓜一卖掉，哈林姆就可以得到 10 个第纳尔，他兄弟得到 15 个第纳尔。两批瓜总价加起来是 25 个第纳尔。

"可是等我到了市集，心里却开始起了犹疑。如果我先叫卖价钱比较贵的一批瓜，就会失去顾客。但如果反过来先卖便宜的，然后再卖比较贵的，就很难卖得出去。唯一的法子，就是两批合起来卖。

"决定之后，我把所有的瓜放在一起，开始 5 个瓜 2 个第纳尔卖了起来。道理很清楚：如果我先 3 个瓜卖 1 个第纳尔，然后再 2 个瓜卖 1 个第纳尔，还不如干脆 5 个瓜一起卖 2 个第纳尔比较容易。

"于是就这样 5 个一组，卖了 12 组 60 个瓜，一共卖得 24 个第纳尔。可是如此一来，我怎么付钱给两兄弟呢？如果依照原议，一位本该有 10 个第纳尔，另一位该有 15 个第纳尔，可是现在却差了 1 个第纳尔。我不知道该怎么解释这个差额，因为就像先前说过，这事明明办得很谨慎，再小心翼翼不过。先后分开去卖，3 个瓜卖 1 个第纳尔，然后 2 个瓜卖 1 个第纳尔，和 5 个瓜一起卖 2 个第纳尔，不是同一回事吗？"

"其实事情本来不会这么严重，"哈米德插嘴道，"都是那个主管市场的官儿多事，可笑地乱插手。他听说了这件事，又不知道该怎么解释这个差额，却硬赌了 5 个第纳尔，坚持说卖瓜时一定有个瓜被偷了。"

"那个官儿弄错了,"撒米尔说,"他铁定得拿出 5 个第纳尔来。之所以有这个差额,是因为:

"哈林姆那批瓜 3 个一组共 10 组。每组原本该卖 1 个第纳尔。总价是 10 个第纳尔。

"哈米德那批瓜则两个一组共 15 组,每组卖 1 个第纳尔,所

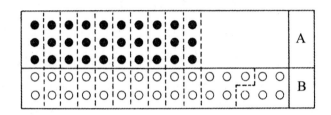

以一共该有 15 个第纳尔。

上图厘清了 60 个瓜的问题。"A"代表 3 个卖 1 个第纳尔的 30 个瓜。"B"代表 2 个卖 1 个第纳尔的 30 个瓜。虚线显示 5 个瓜 1 组共 12 组,每组卖 2 个第纳尔。

"请注意两批瓜的组数并不相同。如果 5 个 5 个地卖,两组搭配起来一共只能得 10 组,每组 2 个第纳尔。这 10 组卖了之后,另外还剩下 10 个瓜,却都只属于哈米德那一批,而这些瓜呢,既然比较贵,原本应该 2 个瓜卖 1 个第纳尔。

"现在却差了 1 个第纳尔,原因就出在这最后 10 个瓜,也是每 5 个瓜只卖 2 个第纳尔。因此,并没有瓜被偷。这 1 个第纳尔的差额是两批瓜不同定价的结果。"

说到这里,我们必须散了,因为报告祷告时刻的人在呼唤,

唤拜词的呼声在空中回荡，提醒信者前去进行傍晚的祈祷。

"快来礼拜！准备祈祷！（Hai al el-salah！ Hai al el-salah）"

片刻不能耽搁，我们每人都开始依照圣书规定分别做起祷告仪式的准备。太阳已降到地平线，正是薄暮祈祷的昏礼时分。从奥玛清真寺的塔顶，盲眼的唤拜者以深沉的嗓音，拉长声调呼喊着信者进行祈祷：

"真主至大，穆罕默德是真主唯一的使者。穆斯林众人，快来礼拜吧！快来礼拜吧！要记得除真主以外，凡事皆是尘土！"

几位商人随同着撒米尔，各自解开自己的鲜丽小跪毡，除去脚上的带子鞋，面向圣城方向大声呼喊：

"安拉，贤智又慈悲者！颂赞归于无所不在的天地世间创造者！领导我们走正直的路，走在那些被你手所祝福者的道路。"

13 友谊无边

本章记述我们到哈里发的王宫，蒙哈里发亲切接见。也谈及诗人，还有友谊——人与人之间、数字与数字之间的友谊。数数的人得到巴格达的哈里发大大称赞。

四天后的早晨，我们接获通知：哈里发阿布·阿巴斯·阿米德·穆他辛姆·比拉——那位掌管所有虔信者的哈里发、安拉在地上的代行者——将要庄严隆重地接见我们。这个消息对任何穆斯林都是一大喜悦的荣宠。不单是我，撒米尔也同样热切地期待着它的到来。

事情可能是这样的：哈里发从爱以兹德大人那里，听到这位声名鹊起的数学高才展示的几项奇招，或许因此表示有兴趣认识我们这位数数的人。否则没有其他任何理由可以解释：为什么我们会受召上朝，面对巴格达最显赫的一群人士。

走进哈里发富丽的宫殿，我简直眼花缭乱、目眩神迷。巨大的拱廊协调地蜿蜒迤逦，高大修长的廊柱两两成对，环绕基座装饰着精美的马赛克镶嵌细工拼花。可以看出这些马赛克花样是由红、白两色的细小砖片嵌在粉刷灰泥中拼成的。主要厅室内的天花板以蓝、金两色鬃饰，所有房间墙面都砌有浮雕凸饰的壁砖，走道也覆以马赛克拼花。格子窗花、地毯、软卧长椅——其实宫中所有家饰——无一处不显示出一种印度王公传奇般的无上尊贵华丽。

大大小小的户外花园之内也都流露同样的尊贵华丽，更有大自然之手增色，一千种不同香气熏染，一片绿油油的厚毡覆盖；又有溪流浸润滋浴，无数白色大理石水泉带来清凉。万般美景之旁，还有数以千计的奴仆忙碌干活。

我们一到，便被玛勒夫大人的助理引至谒见厅中。我们看见那位拥有无上权力的君王，坐在象牙与丝绒装饰的富丽宝座之上。这间大厅的华美令人透不过气来，使我一时分神不知所措。全室壁面都有精美细密的铭文装饰，出自充满灵感启发的高妙书法家之手，我也注意到这些铭文都引自我们最出色的诗人作品。室中处处是花卉：瓶中、瓮内、垫上绣的、地毯上编织的，还有金色大浅盘内精雕细绘的花卉。

屋中多根豪华画柱也吸引了我的视线，柱头、柱身，都是摩尔艺匠最细腻雅致的斧凿成果，他们是雕饰大师，擅长各式花叶图案的几何变化：郁金香、百合花，千姿百态，数不尽的各式花草都奇妙地协调搭配，无法形容地美丽。

随侍在厅上的有七位高官、两名法官、几位贤人智者，还有各方知名显贵。

玛勒夫大人负责引见我们。只见大人两肘在腰，修长的两掌伸出，掌心向上，如此说道："谨遵玉旨，圣殿之王啊，今日特别引见我的现任秘书巴睿弥智·撒米尔，以及他的友人哈拿克·塔德·马伊阿，现任宫中文书，进宫前来觐见。"

"欢迎两位穆斯林兄弟！"哈里发答道，声音亲切温暖，"我最敬佩贤智之人。在吾土的天空下，任何人善于数字之学，都保证能得到我的支持，诚然，都保证能得到我坚定的保护。"

"愿安拉引导您，吾主！"撒米尔呼道，躬身。

我一动也不敢动，俯下头，双臂交叉合胸。因为王不是对我发话，所以不敢冒昧搭腔。

这位一手掌握全阿拉伯人命运的人物，似乎既开朗又宽厚。他的五官秀朗精致，被沙漠阳光晒成棕褐色，未老就先有了皱纹。脸上时时带笑，露出洁白的牙齿。腰间系一条丝质腰带，佩一把精美优雅的匕首，剑鞘嵌满宝石。绿色缠头巾间夹以细白条纹；绿这种颜色，大家都知道，是神圣先知穆罕默德后裔的专属色，一切荣光与和平归于他！

"今日接见，我有许多事需要讨论，"哈里发宣布，"但是首先，我想先证实我的诗人朋友爱以兹德推荐的这位波斯数学家，确乎是位杰出优秀的运算家。在此事达成之前，我没有意愿进行严肃的政事讨论。"

听到卓越的君王如此发话，撒米尔感到有必要为爱以兹德对自己的信心提出佐证。于是他向哈里发恭敬地表示："世间虔信人的统治者啊，我只不过是个单纯的牧羊人，竟能蒙您恩准召见。"

短暂停顿一下，他又继续说道："即使如此卑微，我慷慨的友人们还是觉得可以让我跻身数学人的行列，真是万分荣幸。然而我认为，一般来说大家都颇为善算。所以战场上一眼就能估出远方距离，这样的战士是优秀的运算者。细数音节、推敲节拍、讲究句子的抑扬顿挫，这样的诗人是优秀的运算者。将完美协调的音律运用于作乐编曲，这样的音乐家是优秀的运算者。胸中怀抱各式不变的透视比例作画绘图，如此的画家是运算者。辛勤安排一根根绒线经纬的地毯织工，虽卑微也是优秀的运算者。所有这些人，王啊，都是优秀熟练的运算者。"

撒米尔正直清朗的目光，转而凝视围聚在宝座四周的众人，又说："我无比欣喜地看见，主上啊，您身边满是贤能聪慧又饱学的人士。我也看见在您崇伟宝座阶台的蔽荫下，有着一群成就出色的学者，投入学问的研究、拓展科学的疆界。能有智者陪伴同行，王啊，我觉得是最了不起的宝藏。一个人的价值，在于他的所知所识。知识即力量。智者用例子教导人，而世上再没有比例子更能令人深信不疑、更能有力地捕获人心。但是，除非是为了行益，人不应当追求知识。

"希腊哲人苏格拉底，将他智慧权威的全副重量用在一件事上：'世上唯一有用的知识，是令我们变为更好之人的知识。'另一位知名罗马大哲禁欲主义思想家塞尼卡则难以置信地疑问：'一个人如果知道什么是直线，却对正直毫无概念，又有什么意义呢？'所以宽宏公正的王啊，请容我向厅中贤明又博学的诸位致敬。"

数数的人又短暂停了一下，然后继续雄辩滔滔地说下去，态度严肃庄重："我每日劳动之际，注意到那一切原不存在却因安拉变为存在的事物。我学到看重数字的价值，并依照实用、可靠的法则使用它们。但是对于您刚才要求的证明，我却感到有些为难。不过，我还是要冒昧地倚仗您出名的宽宏大度，斗胆指出：在这间金碧辉煌的接见大厅里面，我眼处处所见，没有别的，全在向我们展示数学，而且是可钦可佩、流畅充分的展现。这间优雅大厅的墙壁上，全都以各种诗歌装饰，每一首不多不少都正好是 504 字。这些字词当中，有些系以黑色写成，其余则是红色。当初一字母一字母描绘出这些诗句的书家，透过这 504 字的处理手法，充分显示了他的才气与想象。而且他的才气、想象可与当

初写出这些不朽诗句的众位诗人匹敌。"

"的确，王啊，"撒米尔继续说道，"其中的道理很简单。这些无可比拟的优美诗句，给这间光彩辉煌的大厅增色。在其中，我看见对友情的极大颂赞。比方那里，靠近那根柱子的地方，我可以读到阿拉伯穆海勒希勒的知名诗篇第一行：

> 若我的朋友离了我，我将无比悲惨，因为我全
> 部的珍宝都离了我。

再过去些，那里，我又看到诗人泰拉法的诗句：

> 人生之迷人，全在我们形成的友谊。

"这一切，诚然啊，都极其壮丽、宏大、沛然。然而更大更高的美，却在这位书家洋溢的天才。因为他证显出这些诗句称颂的友谊，不仅仅存在于拥有生命与感觉的我们之中，也存在于数字之间。

"各位一定会问了，如何在数字之中，辨认出那些相系于数学友谊之中的数字呢？几何又如何从一串数列里面，分辨出哪些是如此结合的数字呢？

"我会尽可能简短地解说这项数字友谊的概念。比方，就拿220和284这两个数字来说吧，220可以被下列数目整除：

1, 2, 4, 5, 10, 11, 20, 22, 44, 55, 110

284呢，也可以用下列数目整除：

1, 2, 4, 71, 142

"这两个数字之间，存在着令人惊奇的巧合。如果我们将以上可以整除220的11个数字加起来，会得到总和284；反之，如果把284的整除数加起来，竟然正好是220。

"这样的结果，令数学家得出一个结论：220和284两个数字是'友数'，彼此之间似乎相互服务、愉悦、卫护、荣耀。"

然后他如此结束："宽宏又公正的王啊，现在回头来看这些赞美友谊的诗文，每首诗中共有504个字，分别以下列方式铭绘而成：其中220字是黑字，284字是红字，正如您也所见。好，284和220相减，差为64。这个数字，既是二次方又是三次方，而且也正好是每首诗行数的两倍。

"心存怀疑的人会说，这些都只是巧合。可是遵从圣先知穆罕默德教导的信者——一切祈祷与和平都归于先知！——却知道除非是早已被安拉铭记在命运大书中，所谓巧合，其实是不可能的。因此我宣布，这位书家，他将504字分别写成两组——220和284——事实上是书写了一篇友谊的诗章，必会感动凡是具有灵性的人。"

听到数数的人这一番话，哈里发欣喜不已。而且他简直不敢相信，数数的人只不过轻轻一瞥，就数出了30首诗各有504个字，还算出分别由220个黑字、284个红字组成。

"你的言语，噢，数字之人，已不容置疑地向我证实了你确是一位最高才的数学家。你称之为数字友谊的那个数字关系，真是太引人入胜了。吾心大悦，而且现在也非常想知道，到底是哪位书家写下装饰了厅壁的诗文。这504字竟分成友好的两组，到底是有心的设计，还是命运的巧手，纯属于那崇高者安拉的作为，应该很容易就可以查明。"

于是哈里发穆他辛姆召来一位秘书，问道："你记得吗？匝鲁耳，当初是哪位书家替本殿书写的铭文？"

"我很清楚这个人，主公。他就住在奥斯曼清真寺附近。"

"立刻把他找来，越快越好。"哈里发命令，"我要马上问他。"

"遵旨！"

那位秘书像箭一般疾去，执行君王的命令。

14 一个永恒的事实

本章继续述说在谒见厅中发生的事。乐师与孪生舞娘。撒米尔如何分辨两姐妹伊克丽米儿与塔贝莎。一个充满嫉妒心的大官批评撒米尔。数数的人赞誉理论家与梦想家。王宣告理论一方得胜，是只看当下需求者所不能及的。

　　于是，王的使者匝鲁耳奉命去找当初那位铭绘诗文装饰殿堂的书家。他出宫后，厅中进来五名埃及乐师，充满感情地演奏出最温柔的阿拉伯歌曲与旋律。乐师们边唱边吹弹着竖琴、齐特琴、笛子；两名优雅的舞娘，从她们的长相可看出大概是西班牙来的女奴，则在一座宽广的圆形舞台上翩翩起舞，供在场众人观赏。

　　女奴必须经过仔细挑选，才能当上舞娘，而且非常受珍视；因为她们提供美感、愉悦、满足，令宾客深感奉承。舞娘根据她们来自的地方而有不同，而不同的籍贯更增显我们东道主的财力与势力。这两名舞娘的外貌相似，更被视为一大优点。若要找到这样一对舞者，必须经过小心、精细的挑选。

　　两名女奴相似的面貌，令在场的人称奇。两女都有着窈窕的细腰、深色的肌肤，眼圈也都用化妆墨粉做相同的描画。两人都佩戴一式的项链、手镯、颈圈。这些已经足够令人混淆了，更何况她们连舞衣也一模一样。

看了一会儿，哈里发似乎心情很好，对撒米尔说：

"你觉得我这两个美丽的女奴如何？你应该也注意到她们长得一模一样。一个叫伊克丽米儿，另一个叫塔贝莎，是一对双胞姐妹，价值不菲。她们两人在舞台上出现，我还从没遇到过有人能分辨出谁是谁来。仔细看看，现在右边的那个是伊克丽米儿。左边是塔贝莎，就在柱子旁边，正把她最美丽的笑靥露给我们看。瞧那肤色，还有她身上发出的微妙香气，简直就像一叶龙舌兰。"

"我必须坦承，伊斯兰全地的哈里发啊，"撒米尔答道，"这两名舞娘实在太奇妙了。赞美归于安拉，独一的真神，是他创造出美，从中才有了这么诱人的受造尤物。诗人如此称咏美女：

> 为你的风华，诗人编织金线罗衣，
> 为你的美丽，画家创出鲜嫩不朽。
> 装点你，打扮你，令你更加精巧纤雅。
> 海献出它的珍珠，地献出它的金子，
> 园林献出它的花朵，
> 男人的心啊，也将它之所欲，将它的荣光
> 覆于你的青春美好。"

"但是依我看，其实并不太难，"撒米尔建议，"若要分辨出伊克丽米儿、塔贝莎两姐妹谁是谁，只需看她们的衣裳就成了。"

"怎么可能？"哈里发回道，"她们两人的服装、衣饰没有半点不同。两人都是按我的命令，戴相同的面纱、穿相同的上衣、

舞裙。"

"请原谅我，慷慨宽宏的王，"撒米尔有礼地回复，"可是裁缝不够小心，并未完全遵照您的命令。伊克丽米儿的衣服上有 312 条流苏，塔贝莎却只有 309 条。两件衣裳的流苏数目不同，就足以消除两姐妹之间的任何混淆了。"

一听到这话，哈里发击了几下掌，命舞蹈停下来，并吩咐从人去数舞娘衣服上的流苏。

撒米尔的计算获得证实。可爱的伊克丽米儿的舞衣上有 312 条流苏，而妹妹只有 309 条。

"我的安拉！"哈里发惊呼，"阿兹德君的话果真没有半分夸大，纵使他是个诗人！这位撒米尔真是个不得了的数数才子。舞娘那么快速地满台旋转，他却能数出两人身上的流苏数目。我的安拉！真是难以相信！"

但是，人的心若被嫉妒占据，他的灵魂就可能被卑劣、粗暴侵入。

穆他辛姆朝上有一名大官名叫那赫姆，是个好妒、坏心眼的家伙。眼看撒米尔在哈里发面前的名望如同沙漠风卷起的沙浪般快速升腾，不禁大为吃醋。气急败坏的他决定抓住撒米尔的错处，好让撒米尔当场出丑。因此他走上前去，慢吞吞地对王如此说道：

"我已经看到，创造者的哈里发啊，这名波斯来的运算者，我们今天下午的这位客人，真是极富天赋，很擅长数算各种东西与序数。他能够数出墙面上的五百多字，又指出数字之间的友谊，谈论它们的差——64，既是三次方又是二次方——最后又一根根数出两名美丽舞娘衣上的流苏。

"可是，如果我们的数学家都把他们的时间浪掷在这种幼稚却没有任何实际用途的事上，那岂不糟糕可怕？说真的，知道我们欣赏的诗句是由220字加上284字组成的，又有什么益处呢？我们仰慕诗人，关心点并不在诗中有多少字，也不在于数算诗中用了几个黑字或红字。我们知不知道这美丽的舞娘衣上，到底是有312条、309条甚至一千条流苏，又有什么要紧呢。对那些富于感性、陶冶艺术与美的人而言，这一切都非常可笑，意义非常有限。

"聪敏人在科学支助之下，务必将自己投入人生重大问题的解决之道。而历来智者在崇高者安拉的灵感激励之下，他们建造起数学这座令人目眩神迷的巨大殿堂，却不是为了让这门高贵的学问，以这位波斯数算人的方式进行使用。欧几里得、阿基米德或是那位蒙安拉荣光庇佑的大诗人，《鲁拜集》作者奥玛·珈音，这些杰出的众圣先贤之学，竟被贬成只是用来数算东西的卑微小技，依我看来，简直罪大恶极。所以我们实在很好奇，想看看这名波斯数算人是否也能将他据称拥有的才能应用到真正的问题上去，也就是说，我们每日日常生活面对的真实问题。"

"我想你有点弄错了，大人。"撒米尔立刻回复道，"如果你愿意容我澄清这微不足道的小错误，我会感到非常荣幸。因此我恳求宽宏大量的哈里发，我们的灵魂与主人，容许我继续发言。"

"依我看，那赫姆的批评似乎确有几分智慧道理，"哈里发答道，"我相信绝对有必要把事情理个清楚。所以继续说下去吧。在场众人自会依据你的话而有他们的看法。"

厅中一阵长长的静默。然后数数的人开言道："阿拉伯的王啊，博学之士都知道，数学乃是从人类灵魂的觉醒而生，可它却不是怀着实用目的而来的。当初激发出这门科学的第一个推动力，乃是人类想要解决宇宙奥秘的欲望。因此，数学的发展是从想要深入了解无限无垠的那份心力而来的。即使到了现在，在几世纪的尝试，努力揭开那道厚重的帷幕遮蔽之后，推动我们前进的力量，依然是这份追寻无限无垠的用心。人类的物质进步，取决于抽象的考掘以及当今的科学家；而未来人类的物质进步，也将取决于这些科学之人，他们的工作追求，纯属于科学性的目标，却从不考虑自己的理论在实际上有何应用。"

撒米尔短暂停了一下，然后又继续说下去，脸上带着笑容："数学家做运算，或寻找数字间的关系，并不是带着实际的目的去找真理。开发陶冶科学，却只是为着实用，不啻蹂躏了科学的心性灵魂。我们今天研究的理论，以及那些看来并不实用的理论，或许在未来会有我们想象不到的意蕴。谁能预想到同样一件谜一般的事物，历千年之后能有何影响后效？谁又能以当下此刻的方程式，解决未来的未知之事？只有安拉才知道真相。而且，今日的理论考掘，一两千年之内或能提供宝贵的实际用途，也未可知呢。

"因此请务必切记：数学，除了解决疑难、计算面积、测量容积之外，同时也拥有更崇高的目的，记住这件事是很要紧的。因为在智慧与理性的发展上，数学是如此宝贵无价，因此若要令人感受到思想力量之伟大，以及精神灵性之奇妙，数学是最能发挥功效的方式之一。

"所以总结来说，数学是最永恒不朽的一大真理，而且正因如此，数学可以将心灵提升到一个层次，与我们思考自然之神工壮丽、与我们感受永在全在真主之同在，属于同一境界。如同我先前所说，高贵的那赫姆阁下，你犯了一个小小的错误。我数算诗章的字数、测度星星的高度、衡量国土的面积、计算激湍的冲力，我这么做，纯粹是在运用代数的公式以及几何的原则，却从未想到自己可能从这些运算与研究中赚得的利益。若没有梦或想象，科学将变为贫瘠，就没有生命。"

王座四周的贵人与智者都被撒米尔雄畅的话语深深打动。王走向数数的人，举起尊贵的右手，以无上的权柄宣告："科学梦想家的信念已经得胜，并将永远胜过没有哲学信念的野心科学家的粗鄙投机之心。哦，安拉之言！"

听到此言自王的口中发出，如此公允又如此正当，那心怀敌意的那赫姆欠身鞠躬，向王致敬，然后便不发一语，低头离开了接见大厅。

然哉，写下这句诗的诗人：

且让想象高升腾飞，
若无幻想，人生会是如何？

15 整齐收好

哈里发的使者匝鲁耳回到宫中复命，报告他从一位修道者那里听来的消息。可怜书家的居处状况。数字方阵与棋盘。撒米尔论述魔方阵。智者提出的问题。哈里发命撒米尔述说棋戏的故事。

匝鲁耳寻人的运气不佳，未能达成使命。王希望当面询问那位书家有关友谊数字之事，找遍巴格达却都不见人影。匝鲁耳回来向王复命，他采用了哪些步骤，以执行哈里发的命令，报告如下：

"我带着三名卫士出了王宫，便直奔奥斯曼清真寺——安拉再得颂赞！一名负责照管该寺的年老修道者告诉我，我要找的人原在附近一间屋子住过好几个月，几天前却已随一队地毯商人的车队离开往巴斯拉去了。他还告诉我，他不知道那位书家叫什么名字，但知道他一人独居，很少离开简朴狭小的住处出门活动。于是我心想，去看看他那间旧居，也许能找到什么线索提示他的去向也未可知。

"自这位前任住户离去，房中已无人居住，屋内每样东西都显示出最寒酸可怜的贫困，只有一张破床倚在角落。另外倒是有个棋盘放在粗糙的木桌上，摆了几颗棋子，墙上还有一个填满数字的方阵。我觉得很奇怪，一个如此穷困之人，过着如此潦倒的生活，却还下棋，还在墙壁放上数学符号作为装饰。我决定把棋盘和方阵都带回来，或许可供各位可敬的智士贤人研究一下这位年老书家留下的蛛丝马迹。”

哈里发大感兴趣，命令撒米尔仔细把棋盘和方阵都看上一看。这两件东西，似乎更适合大数学家花剌子模的追随者之用，却不像一名贫穷可怜的书家所有。

数数的人将两样东西都仔细端详之后，如此说道：“书家留下的这个数字方阵很有意思，我们通常称作魔方阵。如果把一个正方形拿来，均分成四或九或十六个相同大的格子，每格放进一个数字，横行、直行、斜行，格子内的数字加起来都相等，就做成了一个魔方阵。各行相等的和，称为这个魔方阵的‘常数’；各行的格数，称为方阵的绝对值。每个格子里的数字都必须不同。但是若只有四个格子，就不可能造出魔方阵。

“没有人知道魔方阵的起源。在过去，玩魔方阵是好奇心重的人极喜欢的消遣。正如古人常将魔法归于某些数字，自然也将同样的力量赋予这些方格。远在穆罕默德之前的 4500 年，古中国数学家就已知道这些方阵了。印度也有许多人把它当作符咒。也门有位智者宣称，魔方阵可以祛防某些疾病，又根据一些部族的说法，将银制的魔方阵挂在颈间可阻瘟疫近身。古波斯的魔法家也发挥行医功能，宣称可以用魔方阵治病疗疾，依据的是神圣的医界律令 Primum non nocere，这个拉丁文翻译出来，意思是‘医治之道，首在医治手段不要伤及病者’。

“在数学界里，魔方阵却另有一奇妙特性。比方说，如果某个魔方阵可以再细分成更多魔方阵，就称为‘超级魔方阵’。有

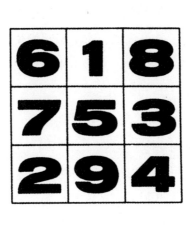

一个九个数的魔方阵

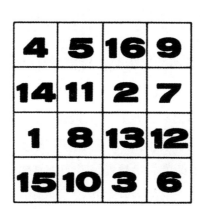

这是一个被称为恶魔级方阵的魔方阵。方阵的常数为
34，不仅可由加总任何直行、横行或斜行得来，也可以
用其他多重方式，加总方阵内四个数字得出。比方四角
,4 个数字，加起来也都是 34。事实上一共有 86 种不同
方式，都可以得到这个相同总和

些超级魔方阵甚至被视为恶魔级的魔方阵。"

撒米尔对魔方阵发表的言谈,受到哈里发与朝中贵人仔细聆听。一名眼神灿亮、鼻子扁塌、态度温暖愉悦的年长智者,盛赞"啊了不起的波斯来者撒米尔",接下来就宣布,他想请教撒米尔的意见。

他的问题如下:"一个熟谙几何学的人,可以找出圆周与直径之间的确切比例吗?"

数数的人如此回道:"即使知道直径长度,我们依然无法确切算出圆周的大小。事实上,是该有个确切的比率数字存在,可是到底是多少?却不为几何家所知。古星相家相信,一圆的圆周是其直径的 3 倍,可是其实不然。希腊的阿基米德认为,如果圆周长为 22 肘(1 肘约等于 0.445 至 0.555 米),那么直径就一定长约 7 肘左右。所以我们寻求的这个比例数,应该是 22 除以 7。但是印度数学家却不以为然,伟大的花剌子模宣称,阿基米德法则根本不合实例。"

于是撒米尔向那位塌鼻的年长智者做出结论:"那个数字,似乎覆裹在奥秘之内。它的特性,独有安拉才能揭晓。"

数数的人接着拾起棋盘,向王报告:"这个老旧棋盘,一共分成了 64 个黑白相间的方格,正如您所知道,是用来玩一种许多世纪之前即已发明的有趣棋戏。发明者是印度人西撒,他创出这项娱乐,是为让一名印度君王开心。其中的发现经过,深深包裹在一个传奇里面,牵涉到数字、运算以及特殊操作用法。"

"我很想听听,"哈里发表示,"一定很有趣。"

"谨遵王命。"撒米尔恭覆。

然后他便说了记载在下一章的故事。

16 策划方针

数数的人巴睿弥智·撒米尔，在此章为众虔信者的主公，巴格达的哈里发穆他辛姆·比拉，述说有关棋戏起源的知名传奇。

"从前，印度有一位王公名叫伊达瓦，是塔里加纳地的统治者，但由于古代文件的记载模糊不明，他在世与统治的确切时期已不可考。不过若说许多印度史家都认为他是当时最富有也最慷慨的君王之一，这倒是很公允的说法。

"战争，却带来致命战火，打乱了伊达瓦王的人生；令人惋惜的磨难，吞噬了君王享逸的乐趣。但是身为王者，职责所在必须保护臣民安居乐业，因此这位宽宏的仁君，被迫举起作战的利剑，一马当先领着他的小小军队，击退了野心冒险家瓦拉古突然的来犯与残暴的攻击，史上称后者为卡利恩之王。

"敌我双方的部队剧烈交战，达卡辛那战场上死尸遍野，撒布杜河奔流的圣水全被鲜血染红。根据史家记载，伊达瓦王极具军事才能。进攻之前他镇定地谋划策略，然后能准确地执行；诡诈来犯的敌人原本要毁灭他的王国的宁静，结果却被他全数歼灭。

"不幸的是，他虽战胜了疯狂的瓦拉古，却同时付出了重大的牺牲。众多年轻战士为了王座与王朝的安全，付出他们年轻的生命。战场上的死亡将士之一，是阿扎密耳王子，伊达瓦王的爱子，胸口被一支利箭射穿。在战事进行到高峰之际，阿扎密耳王子为守住重要作战位置而牺牲了自己的性命，却为国家确保了光荣胜利。

"血淋淋的战役结束了，王国的疆土保住了，伊达瓦王回到他在安卓拉的豪华宫室，却严禁举办传统的喧闹游行，这是印度人庆祝凯旋通常必有的盛典。他回到后庭私室，再也不肯出来公开露面，除非发生真正重大的问题，攸关子民的福祉利益，他才愿意上朝与大臣或婆罗门智者商议。

"岁月如逝水流去，那场沉痛战役的苦涩记忆却未尝消减，反而变得越发沉重，将伊达瓦王打入哀伤苦痛之中，消沉在悲伤懊悔里面。纵使拥有再富丽的宫室、再多的大象战利品、再巨量的珍宝，却失去了世上唯一令你觉得值得一活的事物，这一切又有何益处呢？在一名无可安慰、永远忘不了失去爱子的父亲眼中，物质的财富又有什么价值呢？

"王始终无法忘却阿扎密耳王子战死的那场战役，不能将当时战场上的消长变化从脑海中排除出去。可怜的君王度过日夜时光，一个时辰又一个时辰，不停地在一只大型沙盒之内，描画出己方部队在那场攻势中的调度移动。这一道沙痕，代表步兵的推进；另一边平行的沟线，是战象的进攻。稍微下方的位置，以对称圆圈阵势排出的队伍，则是一名老队长指挥下的骑兵师旅，人称他蒙有月神塔卓拉的庇佑。战场中央，王画出敌军在这里列阵。敌方之所以会被逼到如此不利位置，正是王奇技用兵策略的结果，最后也因此轻易并决定性地将敌军击溃了。

"完成了这张战场双方列阵图，连同所有他能记得的细节，王就把它们全部抹去，然后又从头来过，再度开始。仿佛借由重新经历一次过去，重尝心中所有的痛苦折磨，就可以从中得到某种快慰。

"每日清晨，当年老的婆罗门抵达王宫，前来聆听吠陀经的诵读，王早已在沙盒中画了又抹去那幅他永远都忘怀不了也停止不了去画的战阵图。

"'唉，不快乐的王，'他这些忧虑的僧侣喃喃叹息，'他就如同被真主夺去了理智的奴隶一般。只有强壮又悲悯的保护大神，才能拯救他。'

"于是众婆罗门为他们的王祷告，焚起有香气的树根枝丫，恳求病患者的永恒保护神帮助塔里加纳的王。

"最后，终于，有一天，王接到通报：一名谦卑而贫穷的年轻婆罗门，恳请要来见王。他已经求见多次，却都被王拒绝了，王声称自己的灵性还未强壮到可以接见访客。可是这一回，王同意了他的请求，命令把这名年轻的陌生人带进宫到他面前来。

"进入谒见厅后，年轻的婆罗门受到诘问，依礼由王的一名贵族进行。

"'你是何人？从何处来？来此有何求于这位依照毗湿奴天神的旨意，担任塔里加纳之王与之主的君侯？'

"年轻的婆罗门答道：'我名叫西撒，来自那米耳村庄，距离这座辉煌的王城约有 30 天步行路程。有消息传到我居住的那地，说我们的王日夜受到深沉的忧郁所苦，因战争的命运将我们的王子自他身边夺去而悲痛不已。我想，我们高贵的君王若将自己关在宫中不见人，犹如眼盲的婆罗门屈服于自身的苦痛，那将是一件多么可怕的事。因此，我想也许可以发明一种游戏，令王分心，打开心房，接受新的乐趣，或许会是一件有用的事。这就是我特意带来献给我王伊达瓦的谦卑礼物。'

"这位印度王公有个毛病，一如众多历史书上记载的所有伟大哈里发：就是好奇心极盛。一听这名年轻僧侣要送他一种新奇游戏，王便急着想要观看评估这份礼物，一刻也不能耽搁。

"西撒便将一块板子拿到伊达瓦王的面前，只见板上画分成64个大小相同的格子，板面上又散置着一白一黑两组游戏棋子，看不出任何特意安排。这些塑成各种形状的对象，以对称方式放在盘上，还有奇特有趣的规则，规范着它们的移动。

"西撒耐心地向王以及聚在四周的王公大臣们解释，这个游戏的目的与基本规则：

"'对弈双方，都各有八枚小子，称作兵丁，代表己方送出去阻挠敌方进攻的步兵。支持兵丁前进的则是战象，由较大、更具威力的大子代表。战斗中绝对少不了的骑兵，也出现在这场游戏里面，由另外两子担任，可以像马一样跳越其他棋子。为加强攻击力量，还有两名代表诸侯领主的棋子，这是两名受尊敬的贵族武士。又有一子象征人民的爱国精神，称作后；这个子可以做多种移动，比其他子都更有效率与威力。最后完成整个队伍的是一枚主要的棋子，此子单独一子什么事都不能做，可是一旦有其他棋子支持，却可以变得非常强大。那个子就是王棋。'

"伊达瓦对这个游戏的规则如此感兴趣，立刻追着发明者问：

"'为什么后比王强大呢？'

"'后比王强，'西撒解释，'是因为在这个游戏里面，后代表着全国百姓的精神。王座最伟大的力量，全寄于它的子民的高举。如果围绕在它身边的人没有牺牲奉献的决心与承诺的付出，

缺乏愿意保护家国王权的精神，王怎能逐退敌人的来犯？'

"几小时后，王很快便掌握住游戏的所有规则，更在一场精彩对弈中打败了他的王公大臣。

"对弈当中，西撒不时恭谨地介入，以澄清下法，或建议另一种攻势或守势的布局。

"玩到一个节骨眼上，王极惊异地发现，在不断变化地移子走棋之下，此时盘面竟摆出与达卡辛那一役完全相同的阵势。

"'请注意啊，'这位年轻的婆罗门说，'若要赢得这场战役，这个贵族武士势必非牺牲不可……'

"他精确地指向那枚棋子，正是王于战斗最酣之际，在队伍最前头所放下的那一枚。聪明的西撒便这样点明了一件事：有时候一名王子之死，是保障其子民平安自由的必要牺牲。

"听到这番话，伊达瓦王的心里充满兴奋激昂，不禁说道：'我真不敢相信，世间竟有聪明人造出像这么有趣又具指导意义的游戏！借由移动这些简单的棋子，我已经学到了一件事：身为君王，若没有臣民的支持与献身，这样的君王毫无价值。我也学到：有时候为赢得一场重大胜利，区区一名小兵丁的牺牲，价值可能与牺牲一颗有力的棋子不相上下。'

"于是王转身向年轻的婆罗门道：'我想重重酬谢你，我的朋友，你这份精彩礼物令我解脱了此前的悲痛哀愁。因此告诉我你想要什么，只要在我所能给予的范畴之内都行，好让我向你显示：对于那些配得回报之人，我会是多么感激。'

"西撒却似乎完全不受王的慷慨提议所动。他的表情平静，未露出任何兴奋，也没有惊异之色。年轻僧侣的无动于衷，令朝臣大为惊讶。

"'英明伟大的主公！'年轻的婆罗门不卑不亢地回复，'为这份带到您面前的礼物，我什么都不企求，因为没有任何事情，能比知道我已为我们的塔里加纳之王解脱了无尽悲哀更能令我满足了。因此我已经获得回报，其他任何奖赏都是多余的。'

"我们的好国王，对这个答复露出几分轻蔑不信的一笑，因为印度人通常非常贪婪，这种淡然极为罕见。他无法相信这名年轻人的答复真有诚意，因此坚持道：'年轻人，你对物质事物的不屑与淡漠，实在令我惊讶。但是谦逊过了头，就如同吹熄了烛光的微风，令老年人陷入夜晚长时的黑暗。人生的路上险阻重重，唯有企图心才能将他引到一个设定的目标；因此，人的精神心灵务必向这种企图雄心屈服。所以你应该莫再迟疑，快快选择一份礼物，分量可以和你带给我的礼物价值相称。你喜欢得一袋金子吗？还是想要一箱珠宝？一座宅邸如何？或者赐你一处行省，让你自家统治管理？千万小心作答，因为你必得到你所要求的报偿，我言出必行！'

"'王都这么说了，若再拒绝就是有违王命，而不仅是失礼了。'西撒只好回答，'如此一来，我愿意为我发明的这个游戏接受赏赐，而这赏赐的分量也应合乎您的慷慨大度。不过，我不希望得到金子、土地或宅邸。我想要小麦粒作为赏赐。'

"'小麦粒？'王惊呼，完全不能掩饰他对这出人意表的要求的惊讶，'我怎么能用如此不起眼的东西来酬谢你呢？'

"'再简单也不过，'西撒解释道，'请赐我 1 粒麦子，这为棋盘上的第一格。然后第二格 2 粒，第三格 4 粒，第四格 8 粒，以此类推，每一格是前一格的加倍，一直到第六十四格也就是棋盘上最后一格为止。我祈求，王啊，为符合您慷慨大方的赠予，就请以我刚才提出的方式将小麦粒赏赐给我。'

"此时不但国王本人，连同所有贵胄、婆罗门僧侣，还有其他在场的每个人都忍不住哄堂大笑起来。这么奇特的要求！事实上，所有比西撒眷恋世间物质事物的人，听了他的要求都惊奇不已。这个年轻人，明明可以获得一个省或一座府第，却竟然只想要几颗麦粒。

"'呆子啊！'王大喊，'你从哪儿学来这等轻视财富的念头？你要求的报酬太可笑了。你一定知道，单单是一把小麦穗就可以有数不清的麦粒。所以只消几把麦穗，我就可以赐下你所要求的全部麦粒，甚至还要更多。依照你的算法，棋盘每移一格就多加一倍粒数，你索取的这份报酬，甚至连我们国中最小的村庄都喂饱不了几天。但是好吧，既然我先前已经答应你要什么就给你什么，我就把你刚才要求的赐给你吧。'

"于是王吩咐将朝中最能干的数学家带到陛前，命令他们把该付给年轻的西撒的麦粒算个妥当。几小时密切研究演算之后，这些有智慧的人回到厅中，将他们算好的结果呈报王上。

"王停下手中正在进行的棋局，问数学家道：'我得付给年轻的西撒多少粒麦子，才合乎他的请求？'

"'慷慨大度的王啊！'他们当中最有智慧的一位答道，'我们已经算好了麦粒的总数，获得的结果完全超乎人所能想象。我们仔仔细细算过，一共需要多少担盛装这些麦粒，结果竟得到这样的结论：您必须付给西撒的麦粒，总量有一座山那么大，高度比喜马拉雅山高出 10 倍。即使全印度的田地都种小麦，两千个世纪都不够您所应允给年轻的西撒的麦粒。'

"要怎么才能形容伊达瓦王以及他朝中显贵的惊诧呢？这位印度王终于领悟到——或许是他这辈子头一遭——他竟然无法实现自己许下的承诺。

"根据当时史家的记载，结果西撒一如良好的臣民所当为，完全无意令他的君王为难。他公开地放弃了自己的要求，因此解除了王者一言既出的束缚，然后他恭敬地向王禀告：

"'王啊，请思考聪明的婆罗门们一再重复的那项真理：世间最聪明的人，有时不仅被数字的表象蒙蔽，而且也会被表面的谦卑所欺瞒，殊不知看似谦卑的背后却是真正的贪婪野心。因此若不能单凭自身的智慧估算出债务的分量，就轻易承担下债务，那人就会有烦恼了。大大赞美而少少应承，才是明智的人。'

"停了一会儿之后，他又说：'我们自婆罗门的虚无学问所学到的东西，往往比直接的生活经验少，但是后者给予我们的教诲，却常常被人忽略！一个人活得越久，就越被道德情绪所困。一会儿悲，一会儿喜；今天狂热，明日又变为温吞冷淡；这一刻野心勃勃，下一刻却懒散了无情绪——因此一个人的心境时刻改变。只有真正聪慧明智之士，饱学于性灵之律，才能将自己超脱于这些烦琐困顿与无常的心绪变化。'

"这番话，如此出人意料，却又如此充满智慧，深深地打动了王的心。之前应允年轻婆罗门的如山麦粒既已作罢，王现在改立西撒为他的头号贵族。

"于是，年轻的西撒以巧妙的棋戏为王解忧，又以智慧审慎的忠告进言，他将祝福倾注于众人与众人的王，使王座更加安定，令国家获得更大的荣耀。"

撒米尔的棋戏起源故事，迷住了哈里发穆他辛姆。他把书记召来，下令将西撒这则传奇记载在特制的棉纸上，并珍藏在一个银制的柜子里面。

然后，我们慷慨的君王也考虑他是否该赐给数数的人什么礼物：一袭荣誉外袍或一百锭金子。

"真主透过慷慨之人的手，向世人发话。"

这样的慷慨，表现在巴格达的统治者身上，令人感到欣喜。厅中的朝臣都是玛勒夫大人与诗人爱以兹德的好友。他们也赞同地倾听着数数人的话语。

撒米尔谢谢王赐予他的礼物，便从厅中退出。哈里发将注意力转向他的政务，聆听他的部会大臣禀报，并做出贤明裁定。

我们在薄暮时分离开王宫。这是沙邦月八月之始。

题 解 说 明

◎棋盘与麦粒

这道题目，无疑是最出名的趣味数学题之一。依照伊达瓦王所做的承诺，小麦粒的总数，必须等于64格组成的等比级数之和：

$$1 + 2 + 4 + 8 + 16 + 32 + 64 + 128\cdots$$

而这个总和的计算公式非常简单，小学就学过了。

应用这个公式，我们可得总和 S 的值如下：

$$S = 2^{64} - 1$$

也就是把2自乘上64次。这个长长的算式最后终于算完，结果为：

$$S = 18,446,744,073,709,551,616 - 1$$

再把后面那个一减去，结果为：

$$S = 18,446,744,073,709,551,615$$

这个巨大的20位数，就是伊达瓦王答应赐给西撒——那位发明了棋戏的传奇人物的麦粒总数。据估计，若把整个地球从南到北都改为麦田，每年收获一次，必须花上450年，才能达到这个天文数字级的麦粒总数！

根据17世纪英国知名数学家华理斯所说，这巨量的麦粒可装满一个每边长9.4千米的立方体内。依照那个年代的单位，这位印度王必须付出的代价是855,056,260,444,220磅粮食。（1磅=0.4536千克）

超过850兆！这可不是一个区区小数。

纯为打发时间，如果我们来数这巨山般的麦粒堆，每秒钟数5粒，日夜不停地数，一共要花上11.7亿个世纪！

17　苹果与蚂蚁

数数的人接到各方征询。信仰与迷信。数字与数目。史家与算家。90个苹果的事例。科学与慈善。

在那出名的一天之后——我们首度在宝座之前觐见哈里发——我们的日子完全改变了。撒米尔声名大噪，我们下榻的小客栈里，住客纷纷向我们问好，表示敬重不已。

每天，数数的人都接到几十起询问。有个税吏想知道：我们阿拉伯称珍珠的度量衡单位，一个阿巴斯等于几个瑞妥斯，而中国的单位一克又等于多少瑞妥斯和阿巴斯。然后又有一位大夫前来请教，请撒米尔解释如何用一根打了七次结的绳子治疗热病。不止一次，骆驼客、香火商跑来问我们数数的人：一个人必须跳过几次火堆才能驱走恶灵？在黄昏时节，表情严峻的土耳其军士来见撒米尔，请教他在各种概率赛事中如何可以稳赚包赢。其他时候，又有女人掩在厚厚的面纱之后，来向我们的大数学家请益：她们应该在自己的左前臂上写下哪个数字，好为自己带来幸运、欢乐或财富。

对于他们的询问，撒米尔全都以耐心与亲切回复。有的人他给予解释，有的人他提供劝言。他试着打消无知者的迷信，并向他们表示：根据真主的旨意，数字与我们心中的悲喜焦灼，两者之间并无关联。

所有的咨询、会面，撒米尔都是出于博爱助人之心响应，却从不期待任何报酬。若有人献上钱财，他也立时回拒。某位大人坚持付酬，以答谢撒米尔替他解决了问题，撒米尔只好接过那袋钱，谢过大人，然后便吩咐分给本区的穷人。

又有一回，一名叫作阿兹兹的商贾前来，手抓着一张纸，上面全是数字，大发牢骚控诉他的生意伙伴，骂那人是个"卑鄙的小偷""无耻的大骗子"，又以各式同样无礼侮辱的称号骂个不停。撒米尔帮他镇定下来。

"你当留神这些不顾后果的肆意谩骂，"他说，"因为这些言语往往会令你看不见真相。透过有色玻璃看事情，看到的东西就全是那玻璃的颜色。如果玻璃是红的，看起来就都血红一片。如果玻璃是黄的，所有一切就都如蜜色甘美。激烈的情绪，就像一面玻璃遮在人眼前。若对方合我们的心、称我们的意，我们就充满了赞美，都是宽恕原宥。但若有人得罪我们、令我们不高兴，我们就会对他所作所为全部严厉批判断定。"

然后他便耐心地检视纸上的账目，发现其中有各种不同错误，使得总数出了差错。阿兹兹这才明了原来自己错怪了合伙人，并对撒米尔的聪敏大表欢喜，便邀请我们当夜与他一起逛街游城。

我们这位新交的同伴，带我们到了奥斯曼广场的巴扎利卡咖啡铺。一位有名的史家正坐在烟雾弥漫的屋内说故事，迷住了一室的餐客，大家都听得如醉如痴。

我们很幸运，来得正是时候，密达老爷刚好说完引子，才要进入故事正题。他年约五十，肤色黝深，络腮大胡漆黑如墨，眼睛灿亮放光。一如巴格达所有善说故事之人，头上绑着白色大布条，用一根骆驼毛细绳系住。如此装束，给了他一种古代祭司的庄严法相。他坐在听得入神的众人中间，以响亮高扬的颤声吟哦，配着鲁特琴与击鼓的伴奏述说。餐厅内人人紧紧抓住他说的每一个字，他的手势如此夸张，音色如此富于表现，神情如此生动有力，以至不时令人感觉他仿佛真的曾经身历他所编造的冒险实境。当他说到一段长途跋涉的旅途时，他甚至模仿骆驼疲累缓慢脚步的节奏。另外有些时候，他则扮成一名贝都人在沙漠寻水，只要能有一滴可饮之水的那种深切疲竭之情。有时他更让自己的头与双肩下垂，仿佛是一个完全陷入绝望的人。

从他口中，我们似乎可以看见阿拉伯人、亚美尼亚人、埃及人、波斯人，还有古铜色肌肤的汉志人游牧民族，全都栩栩如生。真是令我们无比钦佩啊，这位聪颖、有智慧的说书人，那黯然忧郁的眼神，完全投射出荒凉野地残酷光景背后的深刻情绪！说书人的身子从一边摇向另一边，然后又回到中间，时而双手掩面，时而又投臂向天，就在他以言语撕裂划破空气的当儿，乐师们同时也扬起一阵如雷巨响的嘹亮急奏。

故事说完，掌声震耳欲聋。然后听客们开始交头接耳，彼此谈论故事中最富戏剧性的片段。

我们新结识的这位商人阿兹兹，似乎在这群嘈杂的客人中十分受欢迎，他移步到屋子正中央，刻意慎重而缓慢地向那位说书史家说道："今晚我们中间，众阿拉伯弟兄啊，很荣幸来了那位知名的巴睿弥智·撒米尔，波斯大运算家，朝廷高官玛勒夫大人

的秘书。"

几百双眼睛立刻转向撒米尔，他的光临的确令这间餐厅的众位宾客备感光荣。

说书的人恭敬有礼地向数数的人招呼问安之后，便以一种不疾不徐、不高不低的清晰声音说道："朋友们！我曾说过许多好坏君王与善恶精灵的绝妙故事。今晚，为向这位来到我们中间的出色运算家致意，我要再讲一个故事，故事里面有个问题，至今还未找到答案。"

"好极！好极！"听众欢呼。

在敬颂安拉之名后——所有赞美、荣光都归于安拉！——说书史家便开始了他的故事。

"从前，大马士革有个农人，颇有生意头脑，他有三个女儿。一日，他告诉一名法官，他的女儿不但聪慧，而且蒙天所赐拥有极不寻常的想象力。但这位法官是个好妒又吝啬的家伙，听到一名农人竟如此赞美自己的女儿大感不悦，因此响应道：'这是第五次你告诉我了，而且是用这等夸大的口气，你女儿是多么地有智慧。我倒要传她们到我的庭上来，亲眼看看她们到底是不是像你所夸的那般聪明。'

"于是法官命人将三个女孩子带到他面前来。然后对她们说：'这里是 90 个苹果，你们拿到市场上去卖。老大法娣玛，你拿 50 个；老二康达儿，你拿 30 个；最小的希雅，你拿余下的 10 个。如果法娣玛 7 个苹果卖 1 个第纳尔，你们两个小的就必须也用同样价钱去卖。但如果法娣玛每个苹果卖 3 个第纳尔，你们也得如价照办。总之，无论你们怎么做，你们每人各自不同数目的苹果最后都得卖一样的价钱。'

"'可是，我不能把我的苹果送出一些吗？'

"'绝对不行,'这个坏心的法官说,'条件规定就是这样:法娣玛一定得卖50个,康达儿卖30个,希雅卖剩下的10个。而且你们三个都得以同样的价格去卖各自的苹果,最后你们三个也都得赚回同样的进账。'

"三姐妹进退两难,这当然是个荒谬不合理的困境。她们怎么可能解决这个难题呢?虽然她们都用同样的价钱去卖苹果,50个苹果卖得的总价,当然会大大地超出30个或10个的售价。

"女孩儿们不知道该怎么解决这项挑战,只好去见区内一位圣者。圣者在许多张纸上计算之后,结论如下:

"'好,姑娘们,这答案就像水晶一般,再透亮也没有了。就照法官的吩咐,去卖这90个苹果吧。你们每人都会得到相同的进账。'

"圣者给三姐妹的指示,乍看似乎并不能解决90个苹果的问题。但姐妹们还是照吩咐去了市场,并分别依指示把她们各自的苹果卖了。也就是法娣玛卖50个,康达儿卖30个,希雅卖10个,而且都用同样的价钱卖掉——而最后每一位也都获得相同数目的进账。故事说完了。我现在就要请我们的运算家帮我们解释,那位圣者到底是如何解决这个难题的。"

说书人的话几乎还没说完,撒米尔就立刻向聚在场中的众位客人说道:

"以故事方式呈现的题目,总是特别有趣。因为故事可以把背后真正的数学逻辑问题,包装掩饰得这么美好。那位大马士革法官用来为难三姐妹的难题,解答如下:

"一开始,法娣玛7个苹果卖1个第纳尔。如此这般卖了49个,留下1个不卖。

"康达儿也用这个价格先卖28个,可是留下2个。

"希雅同样用这个价钱卖掉 7 个，但留下 3 个。

"然后法娣玛再把剩下的 1 个以 3 个第纳尔卖掉。遵照法官定下的规则，康达儿也把她剩下的 2 个苹果各卖 3 个第纳尔。然后希雅也把她剩下的 3 个苹果各卖 3 个第纳尔。

"因此：

法娣玛

第一轮：49 个苹果共卖得 7 个第纳尔
第二轮：　1 个苹果共卖得 3 个第纳尔
_____
总　　和：50 个苹果共卖得 10 个第纳尔

康达儿

第一轮：28 个苹果共卖得 4 个第纳尔
第二轮：　2 个苹果共卖得 6 个第纳尔
_____
总　　和：30 个苹果共卖得 10 个第纳尔

希雅

第一轮：7 个苹果共卖得 1 个第纳尔
第二轮：3 个苹果共卖得 9 个第纳尔
_____
总　　和：10 个苹果共卖得 10 个第纳尔

"所以，三姐妹每人的苹果都卖得 10 个第纳尔，解决了大马士革那个好妒法官提出的难题。"

愿安拉惩处坏心人，奖赏好心人！

密达老爷听了撒米尔提供的答案欣喜万分，惊喜地大喊，双手举向天："以穆罕默德的二次再临之名！这位年轻的数数人真是天才！这是我头一次遇见有人不必动用复杂的演算解释，就能完美地破解法官提出的难题！"

餐馆在场众人犹如一人，都同声加入说书先生的欣喜喝彩。

"好极了！太精彩了！愿安拉也赞赏这位年纪轻轻的智者！"

撒米尔请喧闹欢呼的众人静下来，继续说道："诸位朋友，我一定要抗议，我实在不配得智者的荣衔。只不过帮着减少一些无知，这样的人实在还称不上智者。与真主的科学比起来，人的科学有何价值，算得了什么呢？"

在任何人赶得及回答之前，撒米尔又开始说起下面这个故事：

"从前，有一只蚂蚁出门，正爬过地面行走，半路遇到一座糖山。这个发现令小蚂蚁欣喜万分，它立刻搬走一粒糖返回蚁穴。'这是什么玩意儿啊？'隔邻的蚂蚁纷纷问道。'这个啊，'虚荣的小蚂蚁回道，'是座糖山。我在半路发现的，决定带回家来给你们大家瞧瞧。'"

说毕，撒米尔以一种迥异于他平日安详神态的激动的表情说道："这就是傲慢人的智慧——只不过找到一粒碎屑，就把它称为喜马拉雅。科学是一座巨大的糖山，我们只不过从这座大山找来区区一小口满足自己而已。"

然后他又以极大的坚定果决表示："对人类唯一有价值的科学，乃是真主的科学之学。"

一名也门水手问道："伟大的运算家，那么什么是真主的科学呢？"

"真主的科学，乃是仁慈与慷慨。"

此刻，我忽然记起那日在爱以兹德老爷园中，当鸟儿全被释放出笼外，泰拉辛蜜所唱的那首令人赞佩的绝妙歌词：

我若能说万人的方言，
并天使的话语，
却没有爱心，
我就成了鸣的锣，
响的钹一般。
我就算不得什么。
我就算不得什么。

子夜，我们离开餐厅，几位人士自告奋勇提着他们的灯笼，陪我们走过黑暗的夜晚与蜿蜒的巷弄。很快我们就不知自己身在何处。我仰头望向天空，就在那里，高高的漆黑夜幕之中，灿亮的列队星子中间，那熠熠放光的耀眼明星，绝对错不了，正是天狼星。

安拉!

18 危险珍珠

本章叙述我们又来到爱以兹德老爷的府邸。与众诗人、博学之士开一场大会。向拉哈尔的大君致敬。数学在印度。"丽罗娃蒂珍珠"的动人传奇。印度人撰写的数学文献。

次日时间尚早，一名埃及人就来到我们简朴的小客栈，送来一封诗人爱以兹德的请柬。

"可是此刻离上课时间还早，"撒米尔耐心地表示，"我恐怕我的学生还没准备好。"

埃及人向我们解释，大人想在上课之前，先把我们这位波斯人介绍给他的一群友人，所以若不致造成我们不便，可否移驾尽早光临。

这一回为谨慎防范起见，我们带了三名奴隶同去，都是强壮、果决的勇士。因为我们担心那个令人害怕又好妒的塔那提耳把撒米尔视为仇敌，或许会企图谋刺，在半路袭击我们。

还好一路无事，一小时后我们抵达了爱以兹德老爷的豪华府邸。那名埃及仆人带我们走过无尽的长廊，进入一间富丽的接待室，蓝色的房间，金色的壁楣。我们静静地跟着他，我心里却不免带有几分忐忑，不知道这突然召见是为什么。

在那里我们看见了泰拉辛蜜的父亲，身边还围聚着一些诗人与博学之士。

"平安与您同在！"

我们互相问安。屋子的主人以亲切友好的态度招呼我们，请我们坐下。我们将自己安置在柔软的丝质坐垫上，一名奴隶为我们拿来水果、酥派糕点、玫瑰水。

我看出其中有名宾客似乎是异邦人，一身服饰极其奢华讲究。热那亚丝缎的白色袍褂，用一条镶满珠宝的饰带束腰，腰间一把璀璨短刃，嵌满了蓝宝石与青金石。缠头巾是粉红色的丝质，饰以黑色饰线与多颗宝石。精美的戒指在纤长的指上闪闪发光，更突显手背的橄榄肤色。

"高贵的数学人啊，"爱以兹德老爷开口向撒米尔说道，"我知道你一定感到讶异，为何在寒舍召集这场聚会。不过我必须告诉你，这是为了向我们高贵杰出的客人克鲁遮·穆拔列克大君致敬，也就是拉哈尔与德里的主公。"

撒米尔颔首，向这位身系珠玉腰带的年轻大君致意。

从金鹅旅舍住客的闲谈中，我们已听说过这位印度王公，他离开自己富饶的领地出这趟远门，乃是为了履行身为虔信的穆斯林一生当中，务必完成的一项职责——也就是前往伊斯兰之珠麦加圣地朝觐。此刻他只是途经巴格达停驻几日，很快就要带着他的无数助理、仆从启程前往圣城。

爱以兹德老爷继续说道："克鲁遮大君提出了一个问题，我们非常热切期望你能为我们厘清：印度人对数学的提升增进有何贡献？又有哪些印度几何学家曾对几何这门学问的研究做出杰出贡献？"

"慷慨大度的大人啊！"撒米尔答道，"您交付的任务，我觉得既需要学识也需要平静沉着才能答复——学识，是因为如此才能知悉科学史上的细节；平静沉着，则是因为如此才能发挥鉴别力进行分析评估。然而大人啊，即使是您微小的意愿，我也一定尽力恭敬从命。因此就让在下为在场诸位显赫的贵客，述说一下我对恒河之乡数学发展的微薄认识，以作为对克鲁遮大君的小小敬献。"

　　于是他便开始述说："在穆罕默德之前的 9 至 10 个世纪，印度有位知名的大婆罗门名叫阿拔斯坦巴。这位圣智之人写了一本《算数经》，以教导众僧侣建造神坛、设计寺庙。书中有无数数学算例，但是若说这本著作曾受毕达哥拉斯理论的影响，那是绝无可能的，因为这位印度智者并非遵循希腊式的研究调查方法。他在书中提出各式定理、命题，规范出数学方法。比方为说明祭坛的造法，阿拔斯坦巴建议画一个直角三角形，三边各长 39 英寸（99 厘米）、36 英寸（91 厘米）、15 英寸（38 厘米）。为解决这个问题，他使用了一般认为是希腊人毕达哥拉斯所发明的定律：以三角形斜边为边所绘的正方形平方面积，等于以另外相邻两边为边分别所绘的正方形平方面积之和。"

　　然后撒米尔转身面向爱以兹德老爷，后者正专注聆听，撒米尔继续说道："若用图解来说明这个知名命题，应该会比较简单。"

　　爱以兹德老爷向仆人示意，一会儿就有两名奴隶搬进一个大沙盘来。撒米尔可在平坦的沙面上画出图形，为拉哈尔来的大君描绘出他的计算。撒米尔用一根竹棍在沙上画着。

　　"这是一个直角三角形。最长的一边称作斜边。现在让我们在三边各画一个正方形，可以比较容易地证明：在斜边上所画出的那个最大的正方形，其面积正好等于另外两个小正方形面积之

和，因此证实了勾股定理的正确。"

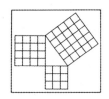

印度王公问道，这同样的原则是否适用于所有三角形？

撒米尔严肃地回答："对所有直角三角形都永远适用、恒久不变。我必须严正表示，一点也不怕自己可能说错：勾股定理表达了一个永恒的真理。甚至在阳光临照到我们身上之前，甚至在地上有空气让我们呼吸以前，斜边的平方就是等于另两边的平方和。"

印度大君完全被撒米尔的解说迷住了，他向诗人爱以兹德热情说道："几何是多么奇妙啊，我的友人！一门多么出色的科学啊！在对几何的学习里，我们看见了两件事，甚至可以感动最卑微、最不用头脑去思考的人——也就是清晰与简洁。"

他又以左手轻触撒米尔的肩头，问他："那么这位希腊人提出的原理，也曾出现在阿拔斯坦巴的《算数经》里吗？"

撒米尔毫不迟疑地回应。

"哦，是的，我的王！"他说，"你会发现这则所谓的勾股定理，也包括在《算数经》中，只是以一种稍许不同的方式出现。正是经由阅读阿拔斯坦巴，僧侣们学得如何建造祈祷室，将直角转成为相应的正方形。"

那么印度还出过任何其他知名的算学著作吗？

"相当多部，"撒米尔答道，"我要特别提一下那部奇书《日轮悉檀》，内容十分精彩，可惜作者不详。书中非常简单地写下了十进制数的原则，并显示零这个数字对运算者无比重要。而重要性不亚于这部书的，还有另外两位婆罗门智者阿耶别多和婆罗摩笈多的著作，今日仍然极受数学人的景仰。前者的专文共分成四部分：论天体之和谐、论时间与时间的衡量、论球体以及论运算法则。不过阿耶别多文中的错误也不少——比方书中主张金字塔的体积，可由底面积的一半乘以其高而得。"

"这个说法不对吗？"印度大君问道。

"完全错误！"撒米尔回道，"我们若要求得一座金字塔的体积，必须用底部面积的三分之一，而非二分之一，乘以塔的高度。"

坐在王公旁边，是一位衣着华丽、高高瘦瘦的人士，红色的毛发杂在他的灰胡子之间参差显露，看外貌不似印度人。我猜他应是个猎虎力士，可是我弄错了，原来是位印度星相术士，随同王公前往麦加朝圣。他顶着蓝色的缠头巾，连绕三次，颇有些铺张炫耀的意味。此人名叫萨都，似乎对撒米尔所言甚感兴趣。

在某个节骨眼上，这个星相术士萨决定加入讨论。他以生硬的外国口音问撒米尔道："请问这是真的吗，听说印度有位深谙星相奥秘与天地间最神秘之学的人士，也曾研究过几何？"

沉吟了一下，撒米尔拿起他的竹杖，清理掉沙面，写下一个名字：

博学者婆什迦罗

然后恭谨地说："这是印度最知名的一位几何学家的大名。婆什迦罗知晓星子的奥秘，深研天地间最神秘的奥妙。他生在底康省的比东姆，是穆罕默德之后 5 世纪的人。他第一篇文字的篇

名是 *Bijaganita*。"

"*Bijaganita*？"蓝色缠头巾的人士问道，"Bija 是种子之意，而 ganita，在我们最古老的一种方言里面，意思是指'数算'或'衡量'。"

"正是如此，"撒米尔点头，"这个篇名的最佳翻译，正是'数算种子之艺术'。除去这篇 *Bijaganita*，博学的婆什迦罗还写了另一部有名著作《丽罗娃蒂》，这个书名，我们都知道，乃是他女儿的名字。"

蓝色缠头巾的星相家插嘴问道："听说这背后还有一个围绕着丽罗娃蒂的传奇。你知道吗？"

"我的确知道，"撒米尔答道，"并且，如果我们的大君允许，我可以说说这个故事……"

"乐闻其详，"拉哈尔的大君叫道，"让我们听一听丽罗娃蒂的传说！我敢保证这故事一定非常吸引人！"

此时爱以兹德老爷做了个手势，就有五六名家奴在房中出现，向宾客分别送上填料烤雉、奶糕、水果，以及各式点心、饮料。我们享用完美食，又依例洁净了手，便请数数的人开始讲故事了。

撒米尔抬头环视在场众人，开始讲道：

"以安拉之名，他是有智慧又恩慈的！那位知名的几何大家、博学者婆什迦罗，有一个女儿名叫丽罗娃蒂。爱女出生之时，身为星相家的父亲查察天相，依据星座配置，看出她命定终身不得出嫁，不会有好青年上门求亲。婆什迦罗无法接受爱女竟注定有此命运，前去请教多位当时出名的星相家。温柔甜美的丽罗娃蒂，当如何才能找到一个丈夫，有个幸福美满的婚姻呢？

"一位星相家忠告婆什迦罗把女儿带到遮维拉省，那里地势近海。当地有座用石头雕成的庙寺，内有一尊佛像手上执有一星。这位星相家断言，只有在遮维拉，丽罗娃蒂才能找到丈夫，可是这桩婚姻若要幸福圆满，婚礼就一定要依照时辰筒上标示的特定日期举行才成。

"果然有一名富有的年轻人向丽罗娃蒂求婚了，令她芳心为之一喜。这位求婚者为人诚实、奋发向上，又出身高阶的种姓身份。于是大喜之日订定，时辰也定好了，众亲友都前来参加婚礼。

"印度人测量决定每日辰光的方法，是借用一只圆筒，放在一个装满水的瓶子里面。圆筒上端开口，底盘中央有一个小洞。随着瓶中的水慢慢溢入筒内，筒在瓶中缓缓下沉，直到某个预先设定的时刻，筒内完全浸满了水。

"婆什迦罗极其小心地将时辰筒放好就位，就等水位到达预先标定的高度。可是他的女儿，却被女人家常有的那股无法压抑的好奇心所驱使，想要观看水位在圆筒内上升的模样。于是她倾身去看，没想到衣服上的一粒珍珠却松了，掉进瓶中。不幸的事情发生了：这颗珍珠被水力所推压，竟然正好堵住了圆筒底端的小孔——正如星相家所预言！新郎与众宾客只好退席，准备在考查星相之后另择吉日重新回来成婚。几周之后，这位向丽罗娃蒂求婚的年轻婆罗门贵族青年却不见踪影，婆什迦罗的女儿也一直未嫁，终生是个小姐。

"婆什迦罗明白了，天注定的命运，若再抗拒亦属无益，于是贤智地对女儿说：'我要写一本书，使你的名字流芳后世，你将永远活在男人的心田记忆之中，比你那运气不佳的可能的婚姻的寿命，更为长久。'

"婆什迦罗的著作享有盛名，而丽罗娃蒂之名也在数学史上成为不朽。数学家所称的丽罗娃蒂，是指用以演示十进制数以及整数运算法。书中精细地研究四种不同运算法——仰角、平方、立方，以及平方根的求取。接下来钻研如何求得任何数字的立方根。然后着手对付分数，使用那个以最小公倍数为公分母的知名法则。婆什迦罗清晰地一一解析这些问题，并使用一种高雅甚至浪漫的风格陈述。这是书中一个例子：

> 受尽钟爱的丽罗娃蒂啊，你的双眸比温柔的羚
> 羊眼眸还要柔和，请告诉我：135 乘以
> 12 的积是什么数目？

"书中另一个有趣的问题，则涉及对一群蜜蜂的计算：

> 一群蜜蜂飞来，1/5 飞到卡达美巴的花儿
> 上驻足，1/3 飞到希琳达的花儿上停歇。
> 这两个数字之差的 3 倍蜜蜂，又飞过可丽塔珈
> 的花儿，最后单余一只蜂儿留在空中，受到一
> 株茉莉与一树盛放的花儿的香气吸引。请告诉我，
> 美丽的女孩儿，这一群蜂儿总共是几只呢？

"答案是 15 只。婆什迦罗在他的书中展示，最复杂的问题，也可以用生动甚至优雅的形式呈现出来。"

撒米尔在沙上不断画着，从丽罗娃蒂书中挑拣出一些奇特题目给拉哈尔的大君看。

抑郁不乐的丽罗娃蒂啊！

我口中念着这位不幸女孩儿家的芳名，不禁想起我们这位大诗人的诗句：

如大海环绕大地，
你也亦然，我的姑娘，
环抱着全世界的心，
以你珠泪的深洋。

题 解 说 明

◎蜜蜂

撒米尔所说的这个故事，是印度几何学家婆什迦罗《丽罗娃蒂》中的一则故事（婆什迦罗把这个题目陈述得如此富有诗意！），答案可以借由一次方程式之助求得：

$$(x/5) + (x/3) + 3(x/3 - x/5) + 1 = x$$

上列方程式的根为 15，也就是此题之解。不过婆什迦罗时代所用的代数标记表示法与我们现在所用的非常不同。

19 针鱼／水手的抉择

克鲁遮大君对数数的人赞不绝口。撒米尔解决三名水手的问题，并发现了圆形徽饰的秘密。拉哈尔大君的慷慨提议。

撒米尔如此推崇印度科学，以及它在数学史上的地位，令克鲁遮大君印象深刻。年轻的大君说，他认为数数的人非常有智慧，有能力教导一百名婆罗门学习婆什迦罗的代数之学。

"那个不幸的姑娘丽罗娃蒂，就因为礼服上的一颗珍珠而失去了她的新郎。她的故事真是迷人又动听。"他又说，"婆什迦罗的数学题目，更流露出数学书中经常欠缺的诗意精神；数数的人也叙述得这么流畅有力。然而这样一位卓越杰出的数学大家，却未提及那有名的三个水手题目，真是令人遗憾。这故事许多书中都有，可惜无人可解答。"

"宽宏大度的大君啊，"撒米尔回复，"我未曾提到这个题目，原因很简单，只因我对此事以及它闻名的难度，只有很模糊的概念。"

"我倒很知道此事，"大君回道，"而且很高兴能够在这儿重新述说这个数学问题，许多代数家曾为它全神贯注呢。"

于是克鲁遮大君便说了下面这个故事：

"有一艘船满载了香料，正从斯里兰卡回航，半路忽然遭到暴风雨猛烈袭击。多亏船上三名水手的英勇，在暴风雨中以无比高超的技巧操控风帆，船才未被凶猛的海浪吞噬。

"为酬报三位英勇的水手，船长赠给他们某一数额的钱币。数量在 200 到 300 枚钱之间，全数先收在一个柜子里面，就等次日船抵港口，税吏就可以为这三名水手分钱。

"可是当夜其中一名水手醒来，心想：'如果我现在就拿走我的一份，也许会比较好。那样，我就不必为钱而和我的两个伙伴争执了。'于是未对其他两位水手发出一言，他爬起来找到钱柜，把钱分成三等份。可是无法完全整除，还余下一枚分不出去。'就因为这一枚多出来的讨厌的钱币，'他想，'我们明早铁定会起争执。还是把它扔了为妙。'所以他将那一枚多出的钱币扔进海里，然后悄悄回到床上。

"在此同时，他把自己的那一份报酬带走，留下其他两人份仍在柜子里面。

"一小时后，第二名水手也起了同样的念头。他跑到柜子那里，因为不知道另一名伙伴早已经拿走一份，所以他也将钱分成三等份。再一次，又多出一枚钱币。为避免第二天早上发生任何不和，这第二位水手便做了和前一人同样的事，把那枚多余的钱币扔进海里。然后他回到床上，同样也带着他认为应该属于自己的那一份钱。

"第三名水手的想法也完全一样，但是他同样不晓得另两位兄弟早已采取过类似行动。一大清早起来，他也跑到柜子那儿去，将钱分成三份。分好后再度多出一枚，于是他也将它扔进海

中。然后这第三位水手拿了他认为属于自己的1/3，高高兴兴地回到床上。

"次日，船靠了岸，税吏发现柜中有一把小量的钱。他将钱平分成三等份，给了每人一份。可是再一次未能完全整除。剩下的那一枚钱币，税吏留下来当作自己提供这项服务的费用。当然，每名水手都对这项'额外'的分配没有任何抱怨，因为每个人都以为自己早已拿到原本应得的那一份。

"好，问题就在这里了：到底一开始，柜中原有多少钱币？每个水手又各自得了多少枚钱？"

大君述说的这则故事，令在场贵宾大感兴趣，众人议论纷纷。数数的人见到这个状况，觉得自己应该对这个问题与解答给予一个完整的解释。因此他开口道：

"钱币的数额，如您所言，是在200到300之间，那么在第一个水手将它们平分之前，原本一定是241枚。

然后第一名水手将它们分成三等份，扔了一枚入海：

241/3=80枚，余1。

"他拿走他的1/3，回到床上，柜中留下：

241-（80+1）=160枚。

"第二名水手随后也将柜中的160枚分成三等份，多出的一枚也被他扔进海里：

160/3=53枚，余1。

"他也把他的 1/3 放进口袋，回到床上，柜中留下：

$$160-（53+1）=106 枚。$$

"第三名水手再将 106 枚分成三等份，剩下一枚又被他投入海中：

$$106/3=35 枚，余 1。$$

"他也带着他的 1/3 回到床上，柜中留下：

$$106-（35+1）=70 枚。$$

"这个数字，就是当船入港停靠之际，柜中留下的钱数。税吏依照船长的指示，将这些钱币分成三等份，余下一枚。

$$70/3=23 枚，余 1。$$

"税吏把 23 枚给了每人一份，留下那一枚犒赏自己。因此，当初原本的 241 枚钱币分配如下：

第一名水手	80+23	103
第二名水手	53+23	76
第三名水手	35+23	58
税吏		1
大海		3
总额		241。"

解决了这个问题，撒米尔就住口不发一言。

拉哈尔大君从衣裳口袋拿出一枚圆形徽饰，转身向数数的人说："因为你清楚又简单地解答了 3 名水手的题目，我看出你可能也有能力解释更错综复杂的数字问题。"

大君继续说道："这枚徽饰，是某位虔诚的艺术家所铭刻。他曾在我祖父朝中任职过一段时间。他在徽章上刻了一道谜题，及至目前为止，没有任何法师或星相术士能够破解。徽章两面都有数字，一面是 128，由 7 颗小红宝石环绕。另一面则分成 4 部分，分别是 4 个数字：

7, 21, 2, 98

"大家都可看出，这 4 个数字的和是 128。可是 128 拆成这 4 个部分，又是什么意思呢？"

撒米尔由大君手中取过那枚圆形徽饰，静静地仔细端详了一番，然后开口：

"这枚圆徽的铭刻者，大君阁下啊，是位深深浸淫在数字神秘思想里的人士。古人相信某些数字具有魔力。数字 3 被视为具有神的力量，数字 7 则是圣数。围绕着数字 128 的 7 颗红宝石，显示出这位铭刻者专注于 128 与 7 这两个数字之间的关系。数字 128，如我们所知，可以被拆成 7 个 2 的相乘式：

$$2 \times 2 \times 2 \times 2 \times 2 \times 2 \times 2$$

"而数字 128，同样也可以被拆成四个部分：

7, 21, 2, 98

"4个数字之间，显示出下列质性：第一个数字加7，第二个数字减7，第三个数字乘7，第四个数字除以7，你会得到下列结果：

$$7 + 7 = 14$$
$$21 - 7 = 14$$
$$2 \times 7 = 14$$
$$98/7 = 14$$

"这枚圆徽，一定是被当成护身法宝使用的，因为它含有基于数字7而发展出的关系。而7这个数字，过去被视为神圣之数。"

拉哈尔的大君听了撒米尔的解说，不禁欣喜入迷。他不但将圆徽慨赠给撒米尔作为酬报，还附赠了一袋金币。大君阁下真是慷慨又好心。

然后众人便鱼贯进入一间大沙龙，在那里爱以兹德老爷以盛宴招待他的宾客。于是就是这样，点点又滴滴，撒米尔的声誉提高，证明他今生注定会功成名就，超过他当初贫穷出身所可以期待和想象的。

有些宾客却无法掩饰他们的失望之情。至于我，地位低微，一点也不重要。

题 解 说 明

◎三个水手

借由代数，我们可以为此题找出共通解法，设立公式，求得未知数之值。

首先设定钱币数目为 x，公式如下：

$$x = 81k - 2$$

在此 K 可以是任何自然数的值，如 1、2、3、4、5、6…，准此，x 的值分别为 79、160、241、322、403、484。

三个水手的题目，可以用上述序数任何一值代表钱币的数目。不过最好还是限制一下 x 值的范围。

本书的这个题目，已设定钱币的数目介于 200 与 300 之间，因此数数的人取了 241，也是唯一合乎这个事例的值。

◎四数组

这个题目，最简单的形式如下：

"试将数字 A 分为四组，第一组加 m，第二组减 m，第三组乘以 m，第四组除以 m，四组运算结果分别所得之和、差、积、商，均需相同。"

这个题目里有两项基本元素：

1. 数字 A，必须分为四组。

2. 运算符 m。

借由代数，应该很容易就能求得这个题目的答案。

其中必须乘以 m 的第三组数字，利用下列公式极易破解：

$$z = A / (m+1)^2$$

一旦算出 z 值，很容易就可以推出 A 的其他三组数字：

第一部分为：$mz - m$

第二部分为：$mz + m$

第四部分为：$mz \times m$

这个题目只有在数字 A 可被（m+1）的平方值整除之下才能成立。至少，必须是它的两倍。

20 十的力量

撒米尔教授第二堂数学课。数字的概念。数字符号。数字系统。十进制数。0。我们又听到那位隐身学生的柔美声音。文法家多拉达引诵一首诗。

宴饮用毕，数数的人在爱以兹德老爷示意下起身离席。第二堂数学课的既定时间到了，而他那位隐身的徒儿也正在等候她的老师。

撒米尔向大君与席间各位贵人告退，便在一名奴仆随同下，前往专为上课准备的房间。我也起身与他同去，因为我想好好充分利用这项特殊许可，一起去上撒米尔为年轻的泰拉辛蜜所开的课。

当天有位宾客——文法家多拉达，他是诗人家中好友，也对这堂课表示兴趣，因此一同向大君告退，跟着我们同去。他是个中年人，性情快活，相貌堂堂而表情丰富。

我们穿过一条典雅而别致的回廊，回廊的地上铺满了波斯地毯。然后由一位美得出奇的索卡西亚女奴引路，进入撒米尔要授课的那间课室。几天前遮住泰拉辛蜜的大红地毯，这一回已经换成蓝色，毯中央有一星形的七角形。

文法家多拉达与我二人，坐到靠近开向花园的一处窗口角落。撒米尔则和第一回一样，在屋子中央的一个丝质大垫上坐下。他旁边是一张黑檀木小桌，上面放着一本《可兰经》。女奴索卡西亚与另一名有着柔和笑意双眸的波斯女奴，则在门旁就位。一名埃及男奴倚柱而立，是泰拉辛蜜的护卫。

祈祷之后，撒米尔缓缓开讲。

"我们不知道数字这个概念在何时首先出现。大哲们的这项潜心研究，历时久远，可以回溯到时光云雾遮蔽不明的极早年代。

"有人查考过数字之学的演进过程，发现即使是原初人类的心智，也拥有一种特殊官能，或许可称之为数字感。这个能力，容许人用一种纯属视觉的方式，查知某一组事物是增是减——也就是说，是否发生了数量上的改变。

"但是数字感却不可与数数能力混淆。只有人类的智力，才能达到我们称之为数字感的这种抽象层次。数数能力，却可以在许多动物身上观察得见。比方有些鸟类，就会数它们留在巢中的鸟蛋数目，能够分辨 2 与 3 两种数量，有些黄蜂更可看出 5 到 10 之间的不同。

"北非部族知道彩虹内所有颜色，并为每一色都起了名称，却没有'颜色'一词。同样，许多原始语言虽有字眼称呼 1、2、3 等数字，可是没有'数字'这个词本身。

"那么数字的概念从何而来呢？

"我们不知道如何回答这个问题，尊贵的小姐。沙漠里的贝都人，看见远处有车旅缓缓前行，骆驼背上负着人客与货物渐渐走来。共有多少只骆驼呢？我们必须用数字来回答这个问题。40 只，或许，100 只？要给予一个答案，贝都人必须执行一件特殊的事：他一定得做'数算'。为了能'数算'，这个贝都人得将序列内的每样物事都与某一特定符号链接起来：1、2、3、4 如此这般，依序类推。他的数算若要达到某个结果——或者换句话说，达到某个数字或数目——贝都人需要发明一种'数字系统'。

"最古老的数字系统是采用五进位法，这个系统以 5 作为一组。每 5 成组称作一个 quine。因此 8 就是一个 quine 再加上 3，写成 13。我们必须弄清楚的是，在这个数字系统里面，左边的这个数字之值，等于它换放到右边时的 5 倍。依照数学家的用语，这个系统是以 5 为底的进位制。在古代的诗歌里，还可以找到这一型系统的痕迹。

"迦勒底人有一种数字系统，是以 60 为底。因此古巴比伦时代 1.5 这个数字符号，代表我们今天的 65。

"曾经也有一些人用过以 20 为底的进位系统。在这个系统里面，我们的数字 90，会写成 4.1——也就是 4 个 20 加上 10（原文似有误，二十进制的 4.1 应等于十进制的 81，十进制的 90 应写成诸如 4.A 的方式，A=10%——编注）。

"然后，终于来了一个以 10 为底的数字系统，更方便显示比较大的数目。十进制系统的源起，来自我们两手的指头数。可是在某些交易上，我们却发现明显地偏好以 12 为底的用法，也就是以一打、半打、1/4 打等为一组的数目系统。12 拥有更多的除数，这一点显然远胜过 10。

"以 10 为底的系统，也就是十进制系统，如今已被世人普遍采纳。从数着自己 10 个手指头的沙漠牧民土阿雷族，一直到查着他的计算表的数学家，都是用 10 来数。鉴于各民族之间的巨大差异，在十进制这件事上却竟有这等普世现象，真是令人惊讶：没有任何宗教、道德规范、政府形态、经济规划、哲学构造、语言或字母，可以夸称自己拥有这般普遍的通用性。数数这件事，是世间少数几件众人没有任何异议之事。大家都认为这种数法既简单又自然。

"如果我们注意到野蛮部族和小孩子的行事方式，就会发现我们的手指头的确是我们数字系统的基础。使用着我们的10根手指，我们开始10个一数，而我们整个系统也就建立在以10为一组之上。

"黄昏时分，牧羊人必须确定所有羊只都已进入羊圈。这时的他，恐怕很有可能必须数到10以上，因为羊或许不止10只。于是随着羊群走过他的面前，他就用一个指头数上一只，每数十只之后，就扔下一颗石子。等到羊全都数完了，那堆石子就代表他一共数过了几只手，或10只羊一组共有几组。第二天，他还可以回去再数一次那堆石子。然后日子过去，某位具有抽象思考能力的人发现，这种方法同样可以应用到其他有用的事物上去，比方水果、小麦、日子、距离、星星等等。再以后，我们不再使用石子，开始改用各自分明并且可以常存常在的记号，一个属于书写型的数字系统就诞生了。

"所有人在说话的时候，都是使用十进制系统的。于是其他系统遂被遗忘了。可是把这个进位系统改装成书写式的数字，此一重要时刻的到来，发展却非常缓慢。总共花了人类好几世纪的时光，才发现了一个可以把数字写下来的完美方案。为能代表数字，人必须想出特别的记数符号，称作数字符号或数符，每个符号分别代表1、2、3、4、5、6、7、8、9这9个数字。至于另外那些符号如d、c、m，则意味着一旁的数字系代表十、百或千等以此类推的数值。因此9765这个数目，在一位古代数学家笔下是这样写的：9m7c6d5。腓尼基人是古代最精细的贸易者，则用上标记号而不是字母做同样的意思表示：9＇＇＇7＇＇6＇5。

　　"一开始，希腊人并不使用这套记数符号，却为每个希腊字母赋予一个数值，然后再附一个上标记号。于是第一个字母alpha 代表 1，第二个字母 beta 是 2，第三个字母 gamma 是 3，如此这般一直到 19。只有 6 是例外，自己有个符号：sigma。然后再把这些数字字母配对组合起来，形成 20、21、22 等等。

　　"希腊系统里的数字 4004，是由两个不同数字符号代表的，2022 和 3333，则分别由三个和四个不同的数字符号代表。

　　"罗马人流露出的想象力较少，他们只使用三个字母［I、V、X（1、5、10）］来组成最前面 10 个数字，然后再将它们搭配上 L（50）、C（100）、D（500）、M（1000）。因此，以罗马式数字符号写成的数字简直可笑地复杂，连最简单的算术也都无法适用，最小的运算也成了极苦的酷刑。罗马数字可以做加法，但是写法却很呆板，最后一个字母相同的数字符号都必放在同一直行上下对齐，因此数字符号之间必须被迫留下空格。

　　"于是，数字的科学便是以这般状况存在了许多年，直到 400 年前，一名印度人想出了一个特别的记号：'0'。此人的名字可惜已经失传。他的办法如下：任何数目里面，若有任何位数缺席，他就用 '0' 这个记号补上。多亏有这项发明，所有那些特殊记号、字母、上标记号，从此都不再需要了。现在只留下九个数字与 0。单单用 10 个符号，就能书写出任何数目，这个无限的可能，的确是 '0' 带来的首次伟大奇迹。

　　"阿拉伯几何学者采用了这位印度人的发明，他们更发现，如果在一个数字右边加上一个 "0"，这个数字就会自动升高，移到上一级更高的十进制数。于是 "0" 又更上层楼，成为可以立刻把某一数目乘以 10 的绝妙工具。

"走在这条漫长而光辉照耀的科学路上，我们随时不可或忘诗人兼星相家奥玛·珈音给我们的智慧忠告，愿安拉赞誉他！他教导我们：

> 切勿让你的才智，引起邻人的苦恼、不幸。
> 提高警觉监视自己，
> 决不可令自己陷于狂怒暴烈。
> 若你祈望平安，面对伤害你的命运之际，就当笑容以对。
> 不要对任何人行恶事。

"我就以这位知名诗人的劝戒诚，结束这篇对数字与数字符号的短短回顾。如果安拉允许，下一次我们将考查数字的主要运作，以及它们的性质。"

撒米尔住口不言。第二堂课结束了。

> 噢，主给我力量，让我的爱可以结果、能有用处。
> 赐我力量，永不轻看贫困，或屈膝于无礼傲慢。
> 赐我力量，拔高我灵我魂，超然凌驾日常琐细。
> 赐我力量，心怀有爱，在你面前躬身低首顺服。
> 我不过是一朵无用的小云，在天际间漫游徘徊，
> 哦，辉煌壮丽的太阳！
> 若你所欲，或如你所喜，请取去我的无是微小，
> 以千般色彩染绘它，用金黄使它生辉照亮，
> 在风中摇曳它，施千种奇妙将它铺展天际……
> 然后，若你意欲以夜幕之垂，结束这场嬉玩，
> 我就会消失匿身，化散在黑暗之中，

或者消弥于晨光黎明的笑靥里，

在那透明纯粹的新鲜空气之间。

"太美妙了！"文法家多拉达结结巴巴地说。

"是啊，"我对他说，"几何真是奇妙。"

"我才不是说几何，"他异议，"我可不是来这儿听那没完没了的什么数字和数符。我对那些一点也不感兴趣。我是指泰拉辛蜜的声音，真是美妙……"

我吃惊地望着他，吃惊于他的出言鲁直，因此他又不怀好意地加上一句："我原本希望，上课时那丫头会露个脸。他们说，她美得如同斋戒月（九月）的第四个月亮，十足是伊斯兰一朵鲜花。"

说着，他起身，低声唱着：

"如果你慵懒无事，或无人顾惜照料，

闲弄壶儿漂在水上，漂啊漂来向我。

坡上的草儿绿，林中的花正放。

你的思绪，应自你幽黑双眸飞来，如同鸟儿飞离窝巢；

你的面纱，也应落在我的脚前。

来吧，到我这儿来！"

我们带着点深思期待的心情，离开了那间满室光辉的房间。我注意到撒米尔的手指上，不见我们抵达那日他在旅舍戴着的那枚指环。难道，他把那枚珍贵精美的戒指失落了？

女奴索卡西亚警戒地四下张望，仿佛惧怕什么看不见的精灵的符咒。

21 出现在墙上的预兆

我开始誊写医药文献的工作。隐身的徒儿在学业上大有进展。撒米尔被召去解决一个复杂的问题。玛兹米王和呼罗珊监狱。走私者阿三。一首诗、一个难题以及一则传奇。玛兹米王的裁断。

我们在哈里发这座壮丽之城的生活，一日日变得越来越忙碌。玛勒夫大人指派我抄写波斯大医学家累塞斯的两部作品，书中有许多医药知识。我读到多项重要的医学观察与意见，包括猩红热的疗法，还有各种小儿病、肾病以及 1000 种磨人病痛的医治。我这么忙于任务，以致不再有时间去听撒米尔在爱以兹德老爷府邸的授课。

从我这位友人那里，我听说那位隐身的学生在过去几周之间已有长足进步。现在她已经精通四种数字运算，对欧几里得的前三本著作也很娴熟，还可以解答分母为 1、2、3 的分数了。

一日午后，我们正要开始享用简单的晚餐，包括馅饼、蜂蜜和橄榄，忽听到街上传来一阵土耳其士兵的巨大喧哗：人马沸腾、呼喊喝令、咒骂叫嚣、混乱骚动。我吓得站了起来。发生了什么事? 我以为客栈被军队包围了，那个坏脾气的警察总长要采取什么激烈行动呢。但是这阵突发的骚乱并未打乱撒米尔的思绪，他完全不以为意，继续用炭笔在木板上画他的几何图形。这人是多么不寻常啊。既使是死亡天使忽然现身，带来那不可避免的宣判，恐怕他也会继续无动于衷，照样地画他那些曲线、角形，研究各种数字符号与数字的性质吧。

"看在安拉的分儿上!"我不耐地叫出，"别打扰到撒米尔! 这一切骚动是干什么啊? 难道巴格达发生暴动了吗? 还是苏莱曼寺倒塌了呢?"

"爷，"老撒结结巴巴地道，"有一支土耳其卫队刚刚来到。"

"以安拉之名! 什么卫队? 老撒?"

"玛勒夫大人的随扈卫队。大人有令，要把巴睿弥智·撒米尔立刻带到他那里去!"

"可是为什么要这么吵闹呢?"我大声抗议，"这事并不那么不寻常啊。自然又是我们伟大的友人与保护者玛勒夫大人有了什么数学问题，需要我们这位有智慧的朋友紧急帮他解决。"

我的预测，准确度不下于撒米尔的运算。果不其然，片刻之后，在护卫队的军官随同之下，我们来到了玛勒夫大人的府邸。

我们发现大人在他的接见室里，三名助理围绕在侧。他手上拿着一张写满数字与算式的纸。又有什么新问题出现了吗，令哈里发的这位贤顾问如此沮丧?

"问题非常严重，"大人对撒米尔说，"我发现自己面对着这辈子所遇的一大难题。让我先把细节告诉你，问题是怎么出来的。因为只有在你的协助之下，我们才可能找到解决的办法。"

然后大人告诉我们下述事情。

"前天，我们尊贵的哈里发正要出发前往巴斯拉小驻三周，

狱中却发生了一场可怕的火灾；囚犯们困在牢内，经历了一场无法形容的可怕磨难。我们宽宏的君王立刻决定，将所有囚犯的刑期减半。一开始，我们根本不在意这件事，因为王的命令看起来相当容易就能确切执行。可是第二天，众虔信者之王的车队已经走了很远之后，我们才发现他这道王令其实有一个相当棘手的问题，似乎没有任何理想的方法可以解决。

"这些被判入狱的犯人当中，有一个巴斯拉来的走私犯阿三，他被判终身监禁，现在已经服了四年的刑。如今在王令之下，他的刑期应该减到所余刑期的一半。可是他到底会活多久，我们根本不可能知道。一个无法计算的时间，我们怎么能去除成一半呢？"

撒米尔思索了一会儿，极度谨慎地选择他的用词后，开口说道：

"你这问题，在我看来的确非常棘手，因为它不但涉及数学，也与律法的诠释有关。此事关乎人事公义，不下于关乎数字之事。我无法做出任何严密分析，除非先去造访这名不幸的囚犯阿三的牢房。或许阿三人生的那项未知数 x，早已在牢房的墙壁上被命运注定好了。"

"你这话听来真是非常奇异，"大人答道，"我看不出这些疯子、犯人写在监狱墙上的东西，会和这桩难解决的问题有任何关联。"

"大人啊！"撒米尔呼喊，"在监狱墙壁上，可以发现许多有趣的书写、公式、诗文、铭记，不但影响我们的心神，也引领我们有怜悯之心。那个富裕省份呼罗珊的统治者玛兹米王，当他听说有个定谳犯曾在狱中墙上留下具有魔法的字眼，就召了一名勤快的文书来，命他前去将那阴暗四壁上的所有字、数、诗、文，全部都抄下来。文士花了好几个星期的工夫，以极大的耐心抄写，才完成王交派的奇特任务。最后终于大功告成回去复命，带回一页又一页的符号、晦涩的字句、无意义的图案、亵渎不敬的话语，以及看不出用意的数字。这些写满一张张纸的不可解书写，有任何方法可以破解或翻译出来吗？国中有一位智者被王召来，宣称：'陛下，这些纸上写的全是诅咒、异端邪说、犹太秘宗卡巴拉咒语、传奇，甚至还包括一道数学题。'

"王答道：'诅咒与异端，我没有兴趣。犹太秘宗的字句也打动不了我。我完全不相信什么神秘的法力、咒语，或隐藏在人造符号背后的秘法。不过我却对诗歌或传奇感兴趣，因为这些是高贵的抒发吐属；人可以从中寻得慰藉，无知者可得教诲，权势者能得警诫。'

"'但是一个被判了刑的绝望人，并不能激发鼓励人啊。'

"'即便如此，我还是要看看这些书写。'王答道。

"于是智者随意拿起文士抄写的一页，念出上面的文字：

'幸福不易，因幸福材料匮乏。

不要在不幸的人面前谈论幸福。

人若无所爱，当爱其所有。'

"王沉默不语，仿佛失落在深深的思绪里，智者为转移王的心绪，继续又念：'啊，这是狱中刑犯潦草写在墙上的一道数学题：

将十名士兵排成五行，每行四名。'

"这个题目，乍看不可能，其实很简单就可以解决，正如这幅图所示：图中有五列，每列有四名士兵。

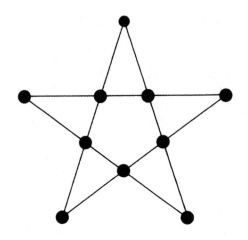

"智者继续念道：

　　这故事是说年轻的子张，一日去见伟大的孔老夫子，并请问他：'崇高的大师啊，一名法官在量刑判决之前，应当斟酌考虑几回？'

　　'今日一回，明日十回。'孔夫子答道。

　　子张闻言吓一大跳，完全不能理解。

　　夫子耐心地解释：'在查考案情之后，法官若决定赦免，考虑一次就够了。然而法官若要判下任何刑罚，却应该斟酌十次。'

　　夫子又以极深的大智慧做结语：'赦免之时犹疑，固有可能铸成大错；定罪之时毫不犹疑，在上天眼中则犯下更深重的过错。'

　　（此段不见出典，可能是作者杜撰假托夫子之言，但其中旨趣似与《孔丛子》刑论第四"大辟疑赦"或《孔子家语》

篇七刑教第三十一"刑轻赦重，疑则赦之"精神相当接近。）

"玛兹米王不禁充满了钦佩：狱中潮湿的墙壁上，竟能发现这等宝藏；那些可怜的牢犯，竟能写下如此众多美而发人深省的字句。显然在这些困坐地底牢狱、目睹苦涩时光一日日逝去的犯人当中，有着一些深具学养与才智之人。因此王下令修正所有判决，结果发现其中确有许多不公不义的案例。于是借着文士抄写回来的资料揭露的真相，无辜囚犯立刻被释，许多司法错误得到纠正。"

"即便如此，"玛勒夫大人回应道，"但是在巴格达的监狱中，你可能不会发现什么几何图形、道德传说或是诗文。不过，我还是希望看到你能考察出什么东西来。因此我特准你前去监狱探访。"

22 一半又一半

本章记述我们造访巴格达监狱的始末。撒米尔如何解决了阿三终身监禁所余刑期的减半问题。时间之一瞬。有条件的自由。撒米尔说明刑期的要义。

巴格达那间大牢，看起来像是一座波斯或中国的城堡要塞。进去之后，我们穿过一处小中庭，中庭中央矗立着知名的希望之井。就是在这里，不幸的人犯聆听到自己被判的刑罚，永远地放弃了救赎的希望。这座壮丽辉煌的阿拉伯大城深处，却有着一批深囚在地牢里的人，他们所受的悲惨煎熬，没有人能够想象。

不幸的阿三，牢房位于整座监狱最深之处。我们由一名狱卒领路，两名警卫陪从，往下走入地牢。一个身形巨大的努比亚黑奴执举巨大火炬，为我们照亮幽深的黑牢深处。

走下一条狭窄的通道，宽度几乎只勉强可容一人通行，我们来到一处阴暗潮湿的阶梯。地牢深处，是一间狭小囚室，阿三就关在里面。没有一丝光线穿透整个黑暗，沉重恶臭的空气令人每呼吸一口就想要呕吐。地面覆了一层腐臭的泥浆，湫隘的四面墙内，甚至连半张可容这受诅之人伸臂直腰躺一下的简陋床铺都没有。

在努比亚黑奴手执的巨大火炬照明下，我们看见这个不幸的阿三，半裸着身，粗厚纠结的须发盖过肩膀，屈蜷在一块石板上，双手双脚都戴着镣铐。

撒米尔专注沉思，静静地看他，不发一语。实在很难相信，这不幸的家伙竟能在这么悲惨、不人道的环境中紧紧抓住生命不放，熬过四个年头依然活了下来。

污脏滴水的牢房四壁，写满了文字、图形、奇异的符号，都是历任囚犯留下的涂鸦。撒米尔仔细地检视它们，以极大的专注观看、翻译，不时又停下来做长时间的耗力运算。我们数数的人，如何凭借着这些诅咒、亵语，就能决定阿三还有多少年好活呢？

当我们终于离开，把那个可怜的人犯在内饱受折磨的人间地狱留在身后之际，我真是松了一大口气。我们回到豪奢的宫中接待大厅，玛勒夫大人在众臣、秘书、各级达官贵人、朝廷智者学人的簇拥下现身。他们都在等待撒米尔的到来，想知道数数的人会使用何种公式，解决无期徒刑的减半问题。

"我们都在等你，数数的人啊，"大人亲切地说，"我祈求你快快为我们说出答案，不要有任何迟延。我们都急着想遵行我们伟大哈里发的命令。"

撒米尔恭敬地欠身致敬，问了安，便说道：

"巴斯拉来的走私犯阿三，四年前在边区被捕，判处无期徒刑。而这个刑期，刚刚才被我们有恩慈又体恤的哈里发、众虔信者的统治者、安拉在地上的仆人，贤明又公正地发布赦令下命减半……

"让我们先将 x 的值设定为阿三就逮服刑的那一刻起，他人生还剩下的岁月。因此这个无期徒刑，判处阿三必须在狱中度

过 x 年，也就是终身在监。好，现在蒙圣旨之意，这个刑期被减半了。我们必须指明：如果将 x 代表的时间长度分割成一段段时间，就表示每一段在狱服刑时间，都必须有一段长度相当的出狱自由时间与之对应。这一点是非常重要的。"

"一点都不错！"大人热切地叫道，"我完全可以理解你的逻辑。"

"好，既然现在阿三已经服了 4 年刑期，那么他似乎也应该获得等长的自由时间，也就是 4 年自由。事实上让我们想象一下，若有一个好心的魔法师，可以预见阿三的人生到底还有多少所余岁月，而且可以告诉我们：'这个人当年被捕之际，只剩下 8 年可活。'在这种情况之下，那个 x 就会等于 8，也就是说，阿三等于被判了 8 年在监，现在则被减为 4 年徒刑。可是现在阿三已经坐了 4 年牢，事实上已经服完了他的刑期，因此务必被视作一个自由人了。然而，如果命运注定这名走私犯要活上比 8 年更久的时间，就表示 x 的值比 8 大，他被捕之际的余生，就是由三段时期组成的：一段是已经在狱服刑的 4 年时光，一段是另外 4 年自由时间，还有第三段，也必须分成两半：在狱服刑时期与狱外自由时期。所以结论就很容易了：不管这个未知数 x 的值到底为何，这个被判处无期徒刑的人都必须立即获释，先享受他应得的 4 年自由，一如我刚才的说明。他有绝对权利拥有这段自由时间，如此才合乎王法规定。

"一等这段时间到期，他就必须重返牢笼，待在那里，继续度过他此时所余人生的一半。或许最简单的方法，就是把他关上一年，次年再给他一年自由。因为有了哈里发的这道赦令，他可以一年被关，一年自由，如此这般享得哈里发慈悲怜悯赐下的好处。可是这样一个解决之道，只有在这个被诅咒的人正好死在他某段自由时间的最后一天，才有可能是最精确的解决方式。

"让我们再想象一下，阿三在牢里关了一年之后，被释放获得自由了，却在自由期间的第四个月忽然死了。那么这段人生岁月——一年又四个月——期间，他被关起来锁了一年，却只自由了四个月。但是这就不对了，计算有误，因为他的刑期就不是减半了。

"因此，更简单的办法就是把阿三每关一个月，又在下月给他自由。可是，这样的解决之道同样也可能导致类似错误，也就是如果他服了一个月的刑期之后，还来不及享受一整个月的自由就先死了。

"那么看来，你会说，最好的解决方法，不就是关他一天，第二天再给他同等长度的一天自由吗？然后如此这般来回反复进行，直到他生命结束。可是这法子，还是不能满足数学上对百分百精确度的要求，因为阿三依然有可能在狱中待上一天之后，几小时便死了。如果改成把他关一小时，然后又自由一小时，来来回回这样下去，直到他生命最后一小时那一刻呢？还是有问题，除非阿三死在他某个自由时期的最后一分钟上。否则，他的刑期还是未能减半，不符合哈里发的赦令。

"最精确的数学解决方案是这样的：把阿三关在狱中，但只有瞬间之长，然后下一瞬间又放他自由。但是这在狱的瞬间时刻，必须小到无法再行分割，同理也适用于他接下来的瞬间自由。

"事实上，这样解决是不可能的。你怎能把一个人关起来，却只关无法再分割的一瞬，然后在下一瞬又给他自由？所以这主意必须放在一旁，因为根本不可能执行。大人啊，总而言之我只能看出一个可行之道解决这个问题。请在法律监督之下，恩准阿三有条件的自由。这是唯一可以容许他同时既服刑又拥有自由的方法。"

大人下令，立刻依撒米尔的建议执行。于是就在当天，原本被囚禁狱中的阿三蒙赐有条件的自由。而且从那日起，阿拉伯司法长官在贤明地施处刑罚之际，便经常采取这种判决。

我们这趟探监之旅传遍全城。第二天，我问撒米尔，他从牢房墙壁上采集到了什么样的细节与运算，而且到底又是什么灵感，令他想出如此富创意的解决方式。这是他的回答：

"只有亲自到过地牢的人，在那阴暗四墙之内待上短短片刻，才知道如何解决这类数字问题，而数字，在其中扮演了可怕的角色，导致了人间惨剧的发生。"

题 解 说 明

◎ 无期徒期刑期 X 的一半

数学家会说，这个题目里的无期徒刑刑期，应该被分为无限多个等长的时段，因此每个时段都无限小。

假设每个时段为 dt，每个 dt 的长度都会比百万分之百万分之一秒还要小上许多！

但是从分析型数学家的观点看去，这个问题其实无解。唯一可用的公式，也是最人道、最合乎公义与仁慈的解法，就是撒米尔提出的建议。

23 都有关系

大贵人莅临造访我们。克鲁遮大君之言。大君之邀约。撒米尔解决了一个新问题。邦主的珍珠。犹太神秘哲学的神秘数字。我们前往印度一事定案。

我们寄居的寒微地段，正享受一个阳光灿烂的早晨，撒米尔却接获一个意外造访——克鲁遮大君御驾光临。大批豪华车驾、仆从挤满了我们的街道，好奇的人纷纷探出头从屋顶、阳台观看。老幼妇孺，全都张口结舌、惊奇地呆视这壮观盛大的排场。首先是 30 名骑兵旗队，高踞在黄金佩饰、丝绒镶金边披戴的一流阿拉伯骏马背上。骑士们头戴白色缠头巾与盔帽，在阳光下闪闪发亮；身穿丝质披风与衣袍，阿拉伯弯刀自鞣皮带上悬露而出。手上高举着饰有大君蓝地白象盾章的大旗在前，身后则是弓箭手与斥候尖兵，也同样骑在马上。

队伍最后，就是我们威风凛凛、大权在握的大君，由两名秘书、三名御医、十名青年扈从随侍。大君穿着一袭猩红袍，上面饰有一排排的珍珠，红、绿宝石在缠头巾上闪耀。老撒从客栈中望见这支阵容如此壮盛的队伍，几乎要失常了。他倒在地面，开

始狂呼："怎么回事？我这是到了哪里？"

我赶紧派一名抬水人过去，将我这可怜的老友送进中庭，先让他恢复镇定再说。店里的大客间实在太过狭小，容不下这等耀目贵客。撒米尔似乎也有点被这荣幸的莅临震慑住了，赶紧出到前庭迎接贵宾。

克鲁遮大君带着他的随扈人等进来，友好亲切地向数数的人问安致意，并对他说："寻觅财富的，是贫穷的聪明人；寻觅聪明智者的，却是更高贵的富人。"

撒米尔答道："我的主公，我知道您的大哉之言乃是发自深刻的友情所感。在您宽大的心胸之前，我拥有的知识实在微不足道。"

"我来访的主要动机，其实更出于切身所需，而非基于对科学的爱慕。"大君答道，"自从上次有幸在爱以兹德大人府上亲聆阁下所言，我就已在考虑征聘你在我朝中出任合适要职。我希望任命你为我的秘书，或者更理想，担任德里观测台的主官。你愿意接受吗？我们不出几周就要往麦加去了，从那里我们会直接回返印度。"

"我慷慨的大君！"撒米尔答道，"可惜我此刻不能离开巴格达。我有责任在身，必须留在此间。我只能在爱以兹德大人的千金已经完全掌握了几何之美之后，才能离开这里。"

大君笑答："如果你婉拒的理由是出于那项职责，我倒有个法子可以解决。爱以兹德大人告诉我，年轻的泰拉辛蜜进展快速，不出几个月，甚至就可以教导最具聪明才智的男子，破解那个出名的印度邦主珍珠题呢。"

我意识到我们这位高贵访客所说的话，似乎令撒米尔感到惊讶，因为他仿佛有些困惑。

大君继续又说："说到这个题目，其实是我祖上一位卓越先人首先提出来的。许多运算者都被难倒了，我很高兴能一探究竟。"

因此撒米尔依大君所请，开始讲述这个题目，以他那和缓又平稳从容的方式述说。

"说起来，这其实不是一个问题，却是一则有趣的算学游戏。"他说，"情况是这样的：有位印度邦主临死时在病榻上留给几个女儿一些珍珠，遗言如此分配：大女儿可得 1 颗，以及余下珍珠的 1/7。二女儿可得 2 颗，以及余下珍珠的 1/7。三女儿可得 3 颗，以及余下珍珠的 1/7。然后以此类推，一直分到最小的女儿。几个女儿去向法官申诉，抱怨这个复杂的分法极不公平。根据传说所述，这位法官大人很会解题，立刻指出她们弄错了，老父规定的分法其实公正无比，每个女儿都会得到数目完全相同的珍珠。

"所以，到底总共有几颗珍珠？邦主又有几个女儿？

"解法其实并不太难。请看：

"答案是一共有 36 颗珍珠，邦主有 6 个女儿。老大得到 1 颗，以及所余 35 颗的 1/7，也就是 5 颗。所以她一共得到 6 颗珍珠，还剩下 30 颗。

"二女儿得 2 颗，以及所余 28 颗的 1/7，4 颗。她总共得到 6 颗珍珠，还剩 24 颗。

"三女儿得 3 颗，以及所余 21 颗的 1/7，3 颗。她总共得到 6 颗珍珠，还剩 18 颗。

"四女儿得 4 颗，以及所余 14 颗的 1/7，2 颗。她总共得到 6 颗珍珠，还剩 12 颗。

"五女儿得 5 颗，以及所余 7 颗的 1/7，1 颗。她总共得到 6 颗珍珠，还剩 6 颗，也就是最小的女儿老幺所得的珍珠数量。"

撒米尔总结道："一如您所见，这问题虽然巧妙，事实上却并不那么困难。不需要任何精研细算就可解决。"

此时，大君的注意力被房间墙上连写了五遍的一个数字攫

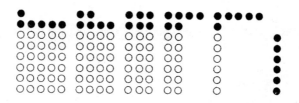

知名的印度邦主珍珠题图解

住：142857。

"那数字有何特殊意义吗？"他问道。

"那是数学之中，最奇特的数字之一，"撒米尔答道，"这个数字与其倍数之间，存有许多不寻常的巧合。

"让我们把它乘以 2：

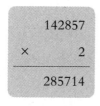

"请注意，答案的位数组成与被乘数完全一样，只是次序稍有不同，左边的 14 被调到了右边。

"让我们再用 3 来乘：

$$\begin{array}{r} 142857 \\ \times \quad\quad 3 \\ \hline 428571 \end{array}$$

"再度请注意，答案是多么奇特。每个位数都几乎相同。只有原本在最左边的 1，现在跑到最右边；其他数字都完全留在原位不动。

"再用 4 来乘，虽然数字移动了位置，先后次序却保留原样：

$$\begin{array}{r} 142857 \\ \times \quad\quad 4 \\ \hline 571428 \end{array}$$

"乘以 5 情况也相同：

$$\begin{array}{r} 142857 \\ \times \quad\quad 5 \\ \hline 714285 \end{array}$$

"再看看乘上 6 会发生什么状况：

$$\begin{array}{r} 142857 \\ \times \quad\quad 6 \\ \hline 857142 \end{array}$$

"这一回，两组三位数互换位置。

"再乘上 7，完全不同的事发生了：

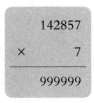

"现在再让我们用 8 来乘:

"所有数字都在答案中出现,只除了 7 不复见。被乘数 7,现在被拆成了两部分:6 和 1,6 在右,1 在左。

"现在再让我们用 9 来乘:

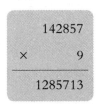

"仔细瞧瞧这个答案。唯一不见的数字是 4。它跑到哪儿去了?啊,它似乎也被拆成了两部分:1 在左,3 在右。"

"我们还可以进一步用 11、12、13、14、15、16、17、18 等数字一直乘下去,看看 142857 这个数字到底有多奇特。

"所有这一切,使得 142857 成为整个数学里面最最神秘的数字之一。这是穆斯林托钵苦行僧诺以林教导我了解的……"

"诺以林?"大君惊呼,眼睛一亮,"你真的认识那位人中之智，最有智慧的大贤？"

"他是我的师尊，"撒米尔答，"我今天运用的所有数学原理，都是从他那里学得的。"

"伟大的诺以林是家父一位朋友，"大君解释道，"后来因为一场不公义的残酷战争，他不幸丧失一子，从此离开城都，再也不回来了。我试过很多次去找他的下落，却一点踪迹也无。最后只好放弃，我以为或许他已在沙漠中故去，被豹子吃了。你能不能告诉我，究竟在哪里可以找到他呢？"

"我出发来巴格达之前，把他留在波斯的库依，请三位友人照顾。"

"那么，待我们从麦加回程之际，应该去库依寻出那位伟大的大师，"大君回道，"我希望能将他请回我的王宫。你可以帮我们完成这项极具挑战的使命吗，巴睿弥智·撒米尔？"

"我王，"撒米尔答道，"如果要以任何方式，帮助我的师尊、我人生的向导，我一定会与你同往，若有必要，一路追随至印度。"

所以就是这样，由于数字 142857 的缘故，我们前往众邦主之国的事情就这么说定了。这的确是个具有神奇力量的数字。

题 解 说 明

◎ 大君的珍珠

这个题目，使用基本代数就可以轻易破解。

首先，求得珍珠数目的方程式为：$x = (n-1)^2$。其中，第一位继承人所得的珍珠，是 1 颗再加上所余的 1/n。第二位继承人所得的珍珠，是 2 颗再加上此次所余的 1/n。其余继承人以此依次类推。

继承人人数则为 n−1。

撒米尔解开的这道珍珠题里，n 等于 7。

◎ 数字 142857

142857 这个数字，其实一点都不神秘也绝无超自然的性质。

这个数字是由分数 1/7 化为小数形式得来的，请看：

$$1/7 = 0.142857142857\cdots$$

其实，这是个很简单的循环分数，其循环节正是 142857。

我们可以用相同方式，得到如同 142857 这种看似神秘的同类数字，只要把一般简单的分数形式转换为小数表示即成，如把 1/13、1/17、1/31 等分数转换成小数。

24 我找到了！

塔那提耳的威胁阴影，时时烦扰着我的心神。这个坏脾气的家伙，前阵子出城离开巴格达好一阵子，前晚却被人看见与一群杀手同行，暗暗出没在我们街坊巷道。显然他是准备来一场突袭，出其不意地攻击浑然不觉的撒米尔。后者则依然忙于他的研究，完全未意识到危险犹如黑影，已时刻跟在身后。

我向他谈起塔那提耳，提醒他要谨记爱以兹德老爷已经给我们的预警。

"这种惧怕心没有任何根据，"他却答道，一点也不在意我的警示，"我不相信这类威胁。当前此刻正引起我注意的事，是破解下面这道题目，出现在知名希腊几何学家丢番图的墓志铭文上。

"丢番图的墓文透露出他的年龄，却是借由算术性质的巧妙叙述，非常奇妙，值得一究，内容是这样的：

上天赐予他 1/6 人生的童年，1/12 的青春时光。

一桩没有子嗣的婚姻，耗去他 1/7 的岁月。

然后又是 5 年过去，他才有了第一个孩子。

这个孩子长到父亲寿数的一半就死了。

丢番图又活了 4 年，将丧子之痛掩埋在

对数字的研习里面，然后交出了他的生命。

"仔细研读此铭文，会发现他活了 84 岁。不过丢番图这漫长的一生，可能太忙着解决扑朔迷离的算学了，竟然从未想到替亥厄洛王的问题找出一个答案，因为这道题目不在他的著作里面。"

"那是一个什么问题？"我问他。于是他告诉我如下：

"亥厄洛是叙拉古的王，派人运了一批金子到他的金匠那里，要他们制作一顶王冠，他希望可以上献给大神丘比特。等亥厄洛王收到做好的金冠，他查验金冠的重量，确与当初发下的金子一般重。可是金冠的颜色，却令他猜想金子里面可能掺进了银。他把这个疑心带到大几何学家阿基米德那里请他解决。

"阿基米德证实：金子放到水里，会失去千分之五十二的重量，而银子在水中则会减少千分之九十九的重量。因此他将王冠放入水中，发现重量确有差异，显示金子里面真的掺了银。

"据说阿基米德费了好长时间思索亥厄洛的问题。有一天他正在沐浴，忽然想到了解决的方法，便跳出浴池急急奔赴宫中大喊：'Eureka! Eureka!'意思是'我找到了！我想到了！'"

正说着，来了一名访客，哈里发的卫队队长哈珊。他是个魁梧的大个子，很好相处又乐于助人。自从听说了 35 头骆驼的事情，就从没停过赞美我们这位数数的人的高才。每周五他从清真寺回程的路上，都会来客栈看我们。

"我从没想到，"他宣告，"数学竟会如此奇妙惊人。您对骆驼问题的解决方法，真是令我激动兴奋到不行。"

我将他领上阳台，从那里可以俯瞰街道，撒米尔则仍在忙他的。我告诉队长，满怀恨意的塔那提耳威胁着我们的安全。

"看，他就在那儿。"我说，指向喷泉一旁，"和他站在一起的，都是些危险的黑道杀手。只要一有时机可乘，他们就会扑到我们身上。塔那提耳对撒米尔心怀很重的恨意，我担心，他的性子太暴烈易怒，恐怕会采取报复手段。我已经好几次看见他暗中窥探我们。"

"你在告诉我什么啊？"哈珊队长惊呼，"我真不敢想象，怎么会有这等事发生？一名恶棍，竟敢骚扰我们数数的人这等智者？以先知之名，我立刻就去阻止这件事。"

他走后，我回到自己房中躺下，静静地吸了一会儿烟。

不管塔那提耳可能会多么凶暴，哈珊队长都不是可以随便小觑之人，而且他立刻替我们采取行动。一小时后，我接到他送来下列信息：

> 事情全部解决。三名杀手已就地处决。
> 塔那提耳挨了 8 下鞭刑，付了 27 枚金币罚锾，
> 并不得逗留都城，被令立刻离开，
> 我已经派人押他到大马士革去了。

我把队长的信拿给撒米尔看。有了这个消息，我们现在总算可以平安地住在巴格达了。"很有意思，"撒米尔答道，"实在出奇，这信竟使我记起了数字 8 与 27 之间，有一种奇特的数字

关系。”

我吃惊地看着他，他竟是这种反应！他却继续说道："除了数字 1 之外，只有 8 和 27 这两个数字，始终等于本身的立方值。你看：

$$8^3 = 512$$
$$27^3 = 19683$$

"512 的 3 个数，加起来是 8，而 19683 的 5 个数，加起来则是 27。"

"你真是令人惊异！我的朋友！"我叫起来，"就只会忙着算你的立方值，你竟完全忘了，自己正在被危险的杀手威胁！"

"数学啊，我亲爱的巴格达友人，如此吸引我们的注意力，以至常常令我们陷入忘我境地，忽略了周遭身处的危境。你记得伟大的几何学家阿基米德，他是怎么死的吗？当叙拉古城破，被罗马统帅马塞卢斯击溃，阿基米德正全神贯注地在他的沙盘上解着一道题，完全忘却了身边正在发生的战火与死亡。他只对真理的追求感兴趣。一名罗马士兵发现了他，命令他到马塞卢斯那儿去。这位智者却告诉他等一下，待他解完手上正在做的题目。士兵坚持要求他即刻前去，粗暴地抓住他的手臂。'小心！注意你踩到的地方！'我们的大智者向士兵喊道，'别抹掉那些图形了。'见他竟不立刻听命，士兵大怒，打了他一下，立时送了这位当时智者的命。

"马塞卢斯先前曾严格下令，务必保全阿基米德的性命。听说大师竟然死了，不禁大恸，难掩伤痛之情。在大师墓前，他下令立一块石，上面勒刻了一个三角形内有一个圆圈。于是就以这个图形纪念知名大几何学家的一大重要定理。"

撒米尔说完了，走到我面前，将一只手覆在我的肩上："你不觉得，我的朋友，应该将这位叙拉古城的智者列入为几何殉身的烈士之列吗？"

我还能怎么回答他？

阿基米德的悲剧结局，却提醒了我那名又诈又妒的危险人物塔那提耳。

我们真正不用再担心那个坏脾气的盐商了吗？难道，日后他不会又从大马士革回来，重新来对我们造成更多危害吗？

靠窗而立，双臂交叉，撒米尔密切地注视着市集上熙来攘往的人群，表情带着些许悲伤。我决定打断他的思绪，将他从忧郁里拉出来。

"这又是怎么了？"我问他，"你在难过吗？你在思念自己的家乡吗？或者，你只是在计划着什么新的运算？是数学之思还是故国之思？"

"我的巴格达友人，"他答道，"乡愁与运算，两者之间其实并非毫无关系。我们有一位最富灵感诗思的大诗人，就曾这样说过：

　　　乡愁，也可以用数字计算。
　　　它是用距离，
　　　乘以爱的系数。

然而，我却不认为乡愁能化为公式，用数字衡量。当我还是小孩子时，曾听母亲多次唱着下面这首歌：

乡愁，是首老歌。

乡愁，是个影子。

只有时间可以带走乡愁。

正当时间带我离去之时。"

题 解 说 明

◎丢番图

所谓的"丢番图问题"或"丢番图墓志铭"，可用一次方程式轻易解决。

将丢番图的年纪设为 x，写成如下：

$$(x/6)+(x/12)+(x/7)+5+(x/2)+4=x$$

求得 x 之值为 84，即为此题之解。

25 面试开始

撒米尔又被召进宫。奇特的意外场面。艰巨的对决：一对七。神秘指环的重现。撒米尔受赠一条蓝色毡毯。一首诗歌搅乱了一颗满满的心。

斋戒月后的第一个夜晚，我们刚来到哈里发宫中，一名与我共事的老文书就通知我们，哈里发正安排了一个奇特的意外场面，等着我们的友人撒米尔。

一场令人畏惧的大考验就要来到。数数的人要在哈里发御前，面对七名数学家，与他们展开竞赛，其中三位前天刚从开罗来到此间。还能怎么办呢？面对要来的挑战，我只能试着鼓励撒米尔，告诉他一定要对自己的能力有绝对信心，而他的能力早已证明过多次了。他却反过来提醒我，他师父诺以林说过一句格言："对自己缺乏信心的人，不配得他人对他的信心。"

于是怀着沉重的心，又忧又疑，我们进入宫内。

巨大的谒见厅内，火烛高照，满厅都是朝臣与显贵。哈里发右边坐着年轻的大君克鲁遮，是座上的贵宾主客。随侍大君在场的是八名印度开士米籍医生，身穿富丽的金绒长袍，头戴奇异的缠头巾。王座左边坐着朝臣、诗人、法官，以及巴格达社会最显赫高贵的成员。高台上面，丝质坐垫之上，端坐着七名智者，正是数数的人的考官。哈里发做一个示意，匝鲁耳大人便牵着撒米尔的臂膀，肃穆地将他引到金碧辉煌大厅的中央，一个算是讲台模样的地方。

在场众人脸上都充满了期待，虽然不是所有的人都祝福数数的人成功。

一名身形巨大的黑奴敲响一面沉重的银锣，连敲三次。所有戴头巾的人都俯首低下。奇异的仪式要展开了。我的思绪，我必须坦承，简直陷在一个旋涡里昏乱打转。

一名大祭司手持圣书，以缓慢沉稳的声调念出《可兰经》中一段祈祷文：

> 以安拉之名，贤智又慈悲者，所有世界的
> 创造者，我们赞美你，噢，主，恳求你的神助。
> 领导我们走正直的路，走在那些被你拣选并
> 保佑祝福者的道路。

当最后一字在宫中回廊响绕之际，王向前走上两步，停下，说道："我们的友人与盟友，克鲁遮大君，拉合尔与德里的主公，要我为他随行的众位学者提供这个机会，以亲眼见证玛勒夫大人的秘书——这位波斯数学家巴睿弥智·撒米尔的才智与技巧。若不依我们贵客的所请，实在有失礼之嫌。因此，全伊斯兰最贤能、最知名的智者当中，我们请来了七位，向撒米尔这位数数的人，提出一系列与数字科学有关的题目。如果撒米尔能够答复这

些难题，我在此承诺，我要赐他一个重大奖赏，使他成为全巴格达最受人欣羡的人。"

此时，只见诗人走向哈里发："所有虔信者的王啊！"诗人说，"我在此有样东西，原属于撒米尔，是一只在我家中被我的一名家奴发现的指环。我希望在他面对这场最重要的考验之前，能先把指环交还给他。它也许是某种护身之物，或许能赋予他一些超自然的助力，我不希望剥夺他这个机会。"

短暂停顿了一下，高贵的爱以兹德又继续说道："我钟爱的女儿泰拉辛蜜，我人生所有珍宝之中的真正至宝，要我准许她将这条小地毯送给她的数学老师，也就是这位波斯数学家。她在毯子边缘绣了一些花纹装饰。王上，若您恩准，可否让撒米尔在接受伊斯兰七位最知名智者的考试之时，把这条毯子铺在专为他准备的坐垫下方？"

哈里发下令，立刻把指环与小坐毯都拿到数数的人那里去。爱以兹德老爷一如平日的真挚友善，亲自将装着指环的小盒子递给撒米尔。然后又在大人示意下，一名年轻奴隶现身，捧来一条蓝色小毯放在撒米尔的绿色坐垫下。

"这一切，都是有魔力的符咒，带来好运的护身符。"我身后有声音低低说道，是一个身穿蓝色短袍的瘦削老头，"看来，这个波斯年轻人倒是很懂魔法。依我看，那条蓝毯有些神秘。"

在场的大多数人啊，他们怎能知道，撒米尔的运算才情，乃是他本身智能的果实？那些没知识的无知人，若有任何事情超出他们的理解，总将他们不知不解的事物归诸魔法之力。然而在场的那些大人物，他们的智慧、学养，必然高明到足以理解眼前正在发生之事纯属智慧之事。撒米尔正要接受的考验，乃是由最精于这门学问的人士进行的；而这门学问，又正是我们阿拉伯人一向最出色擅长之学。他能够通过这项考验吗?

收下了指环与小毯,撒米尔似乎被深深地撼动了。甚至隔着一段距离,我也可以看到此时此刻,有什么事情深深震撼着他。他打开小小盒子,明亮的眼睛立时蒙上雾气。我后来发现:除了指环之外,温柔的泰拉辛蜜还放进一张纸条,撒米尔看到上面写着:"勇气。信任真主。我为你祈祷。"而毯子呢,难道真有什么魔力附在上面吗,一如那蓝袍老者所以为的?

不,不是魔法。那条毯子,在众大人与众智者眼中,只不过就是件小小礼物。其实上面却绣着诗句,而且是以那种古时专门抄写《可兰经》之用的古雅字体库法体绣成的,只有撒米尔才认识,并知道如何解读。那些诗句深深触动了他的心房,后来我译了出来。泰拉辛蜜沿着毯缘,把它们绣得好像只是饰边图案的蔓藤花纹:

> 我爱你,我亲爱的。原谅我的爱。
>
> 你安慰了我,一只惊慌迷路的小鸟。
>
> 我的心受到触动,袒露无遮,向风雨四时敞开。
>
> 请以你的慈悲包覆它,我亲爱的,原宥我的爱。
>
> 若你不能爱我,我亲爱的,原谅我的痛。
>
> 我会回到我的歌中。我会留驻坐在暗中。
>
> 我会以我的双手,遮住我全然赤裸的卑微。

爱以兹德老爷,当时察觉到这份双重的爱的信息了吗?走笔至此,我不太知道自己的脑海中为什么强烈出现这个念头。因为只有后来,如我先前所说,撒米尔才把这个秘密告诉了我。

只有安拉知道真相!

一阵巨大的沉默，笼罩了在场全体显贵。在哈里发富丽的谒见厅中，就要展开一场伊斯兰天空下，此前从未有过的不寻常的重大考验。

安拉啊！

26 值得一书

我们遇到一位知名的神学家。人生要来之事的问题。凡是穆斯林务必知悉圣书。可是整本《可兰经》中到底共有多少个字？又有多少字母？撒米尔用了个小计。

被指定首先发问的智者，庄严地起身。他已年过 80 高龄，我心中激起无比敬意。如同先知一般，他有着长长的白胡须，直垂到他宽阔的胸前。"这位高贵的老人是谁？"我低问坐在我旁边的一位医生，后者有一张满是阳光肤色的瘦脸。

"他就是驰名的大贤，德高望重的莫哈德卡·易卜哈吉·阿布那·拉玛，"他答复，"他们说，他知道超过 15000 句关于《可兰经》的格言，是位神学与雄辩学教授。"

智者莫哈德卡用一种奇怪的方式咬字，一个音节一个音节地吐出，仿佛有意测量自己的声音。

"我要请教你，数数的人，这是件关乎吾等穆斯林的头号大事。一个人身为伊斯兰的信仰者，在研读欧几里得或毕达哥拉斯之前，务必先对自己所信的宗教有深厚认识，因为真理若与真信分离，生命就不可想象。人若不能就那些要来之事与救赎大事详

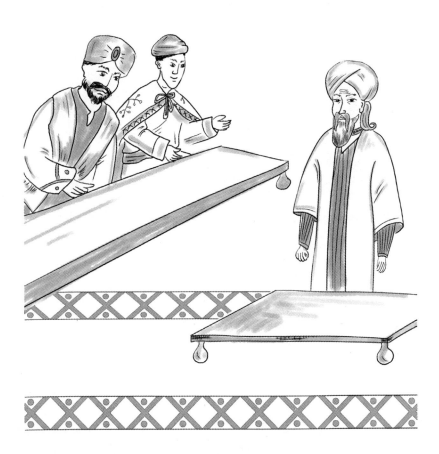

加思考，若不知安拉的金言与戒律，就不配称作一个贤智的人。所以我要请你，不容任何迟疑，从安拉之书《可兰经》中提出 15 件与数字有关的事项。这 15 件中，一定要包括下列几项，而且全部都要精确不差，没有任何出入：

　　《可兰经》共有几章？

　　共有几节？

　　共有几个字？

　　共有几个字母？

　　经中共提到几位先知？"

　　他又继续说道，声音越发低沉："除了我要你说出的这五个数字之外，我还要你告诉我们，另外 10 个与数字有关的章节。请开始吧。"

　　这些话说完之后，室中一片深深静默，大家都屏息等待撒米尔开口。年轻的数数的人以无比的镇静，做出如下回答：

　　"贤明又令人尊敬的大德啊！《可兰经》中共有 114 章，其中 70 章是在麦加口述而成，44 章则是在麦地那启示完篇。这些篇章又分成 611 段，内含 6236 节，第一章有 7 节，最末一章 8 节。最长的一章是第二章，共含 280 节。《可兰经》共有 46439 字，323670 个字母，其中每一项都包含了 10 种特别的美德。我们的这本圣书，一共提及 25 位先知，而耶稣，马利亚之子这位先知，书中一共提过 19 次。其中五章，是用五种动物名称为章名：黄牛、蜜蜂、蚂蚁、蜘蛛、大象。第 102 章的章名是'数字的响应'（一般译为'竞富''积财'或'增值'）。该章的特点，就在于它那五节里提出的警告：不要陷入无谓的数字争议，因为这一类的争执，对人的灵性进展毫无帮助。"

说到这里，撒米尔短暂停顿了一下，然后又说："以上便是安拉书中谈及数字之处，以答复您的询问。但是在我提出的答复中，却有一个错误，我必须赶快指出，就是我一共给了您 16 个例子，而不是 15 个。"

"我的安拉！"坐在我身后的蓝袍老者惊呼，"怎么能够有人知道这么多数字、这么多事，而且完全只靠口背心诵？真是不可思议！他甚至知道《可兰经》里一共有多少字母！"

"他只是很用功，"老者的邻座低声咕哝，这人是个胖子，下巴上有个疤痕，"用功罢了，又全部都背下来了。我从很多人那儿听说过这事。"

"单靠记忆力哪成，"老者低声说道，"像我，连自己那些表亲的年岁都记不住。"

周围这些耳语令我非常不快。可是事实是，莫哈德卡证实了撒米尔提供的所有事项，甚至连圣书中的字母总数都分毫不差。

他们说，这位大神学家莫哈德卡自愿选择居于贫困，这一定是真的。安拉夺去许多贤人智者的财富，因为财富与贤智很少能够两全。

撒米尔已经精彩地克服了这场艰巨挑战的第一关，可是还有六关要过。

"愿安拉旨意如此，"我心想，"让其余几关也像第一关一般渡过吧，然后一切都能圆满结束。"

27 历史正在创造进行中

富有智慧的历史学者向撒米尔提出考题。看不见天空的几何学家。希腊数学。对埃拉托塞尼的赞誉。

第一个挑战已通过，第二名智者接班继续询问撒米尔。这是位知名的史家，先前曾在西班牙的哥多瓦开坛讲课，教授过二十年的历史。然后出于政治原因，他迁到开罗居住，在那里受到哈里发的保护。他是个矮个子，古铜色的脸庞，一把椭圆的胡须，两眼呆滞无神。下面便是他对数数的人所说的话。

"以安拉之名，有智慧又慈悲的真主！有些人以为，一位数学家的价值，在于他运算的能力，或应用一些陈腐运算规则的技巧。他们都错了。在我看来，真正的数学家，乃是彻底了解多少世纪以来数学发展进程之人。研究数学史，乃是对历来那些天才大家致上敬意；这些天才透过自身的智慧，拔高、荣显了过往文明的地位，揭露了自然中某些最深邃的奥秘，又透过科学，设法改善了我们悲惨可怜的人类状况。遍布在整个史页上的，是我们光荣可敬的祖先，他们创立了数学这门科学，我们也传扬他们遗

留在身后的功绩名作使之不朽。因此我希望向数数的人提出一个问题，是关于数学史上一个有趣事例。那位知名的几何大家，因为自己看不见天空而自杀，请问叫什么名字？"

撒米尔思索片刻便答道："他名叫埃拉托塞尼，是昔兰尼加的数学家，先在亚历山德拉城受教育，然后又进入雅典学院，在那里他学习到柏拉图的教义。埃拉托塞尼后来被任命为亚历山德拉大学那座大图书馆的馆长，并担任这个职务直到去世。除了在科学、文学上都拥有令人称羡的渊博学问之外——这已足以使他名列当时最富有智慧者之列——埃拉托塞尼又是位诗人、演说家、哲学家，更有甚者，还是个多项全能的运动家。只消提到他曾赢得过奥林匹克运动会上的五项运动全能大奖就足够了。当时的希腊，正享有着它的科学与文学黄金年代，是史诗诗人的国度，诗人们激情四溢地创作他们的诗歌，配乐演出，在四方君主与伟大领袖的盛宴、聚会上吟哦。

"应该指出的是，即使在希腊多位最负盛名、最有学养的人士当中，埃拉托塞尼也被视为奇葩，是一位不世天才。他扔标枪，写诗，打败最棒的跑者，解决天文问题。他有多部作品流传后世。他献给埃及王托勒密三世一个表：这是一块金属板，上面蚀刻着质数（素数），那些有倍数的非质数（合成数）则刻一小洞标示。后人因此把这位智慧天文家寻找质数的方法，称为埃拉托塞尼筛。

"但是某次在尼罗河岸上，他眼睛染患疾病以致失明。这位以无比热情钻研天文学的大家，竟从此不能再见天空，或赞赏夜晚星空下穹苍间无可比拟之美。天狼星的蓝色光芒，再也照不透翳蔽了他的双眼的黑云。他被这样的不幸击倒，无法忍受失明的重担，这位圣者将自己关在图书馆内，把自己活活饿死了。"

那眼睛黯淡无神的大贤史家转向哈里发，静默了一会儿，宣布道："我非常满意这位波斯运算家所做的精彩历史陈述。史上唯一知名却自杀而亡的几何学家，的确就是这位身兼希腊诗人、天文学家、运动家以及叙拉古最知名大家阿基米德密友的埃拉托塞尼。安拉应得赞美！"

"以天堂乐园美妙的喷泉之名！"哈里发兴奋地大喊，"我刚才知道了多少事情！我们又有多少事情不知道啊！那位知名的希腊人，那位研究星辰、写作诗歌、展现运动奇技的天才，真是值得我们最深的赞佩。从现在起，每当我仰望天空，在多星的夜晚，每当我见到天狼星，我就会想起这位智者的悲剧结局。他在群书宝藏环绕之中却不能读，亲自写下了自身的死亡之诗。"

然后他轻触大君肩头，又说："现在，且看我们第三位智者，是否能够问倒我们数数的人！"

28 错谬的希望

难忘的考验继续进行。第三位智者向撒米尔发问。错谬的归纳。撒米尔向我们演示：明明正确无误的事证，竟可以推衍出一个错谬的法则来。

第三位要来提问的智者，是知名的天文学家阿布·哈珊·阿里，在哈里发特别邀请之下从西班牙阿尔卡拉来到巴格达。他的个子很高，骨骼突出，满面皱纹，右腕上戴了一只金手环，据说上面刻有黄道十二宫的图像。天文学家先向哈里发与众王公贵人行礼致意，然后便转向撒米尔。深沉的嗓音，似乎在大厅中回荡。

"你方才提出的两项作答，显示出你有很好的底子。你谈到希腊科学，以及我们圣书里的细节，都是以同样的才学精确掌握。然而在数学这门科学里面，最有趣的部分是推理：经由推理，导向真理。区区组合了一堆事实，远远仍不能形成一套知识；一如沙漠中的海市蜃楼，绝非真实绿洲。所谓知识，务必观察事实，然后从中演绎推衍出它的法则定律。靠这些法则之助，我们便可以处理其他事实，或改进人生状况。所有这些都很真

实，都是真理。可是，我们又如何抵达真理？于是问题出现了：

"在数学里，我们有可能从明明真实的事实中，却推得一个谬误的法则吗？我希望听到你的答复。运算者，请用一个简单例子说明。"

撒米尔陷入深思，稍待了一会儿，然后抖擞精神，做出如下回答："且让我们假设，有位数学家出于好奇，想要求得一个四位数字的平方根。我们知道一个数字的平方根，如果自行相乘，即可得出原先那个数字。这是一个不证自明的数学定理。

"再让我们进一步假设，这位数学家挑选了三个数字进行他的实验，他选出以下数字：2025、3025，还有9801。

"让我们先从2025开始。经过适当的运算，我们发现它的平方根是45，也就是说45乘45，等于2025。可是我们也发现45这个数字，可以用20加25取得，正好是2025这个数字从中切开的左右两个各半。同样地，3025也是如此，照样可以如此证明。它的平方根是55，也可以用30加25取得，这两个数字刚好又分别是3025的左右两半。同样的事也发生在9801，它的平方根是99，也就是说：98加1。基于以上这三个例子，一位粗心大意的数学家或许就以为可以宣告如下法则：

"若要求得一个四位数数字的平方根，可将此数从中切为两半，再将左右二数相加，和即是原四位数的平方根。

"这个定理显然大错特错，却是由三个真实的例子推得。因此在数学里面，显然不可能只用简单观察就求得真相。即便如此，我们仍要特别小心，以避免这一类错谬的归纳出现。这是非常重要的。"

天文学家阿布·哈珊显然很满意撒米尔的答复，他宣布从未听过可以用这么简单又有趣的演示，就清楚说明了数学的谬误论证。

哈里发做一个示意，轮到第四名智者起身，准备提出他的考题。他的名字是扎巴尔·洼弗利德，是位诗人、哲学家、星相家。在他的原乡西班牙的托雷多，一向以善说故事闻名。我永远忘不了他那令人景仰的风采，或他那安详和蔼的目光。他移到讲坛边缘，向数数的人招呼致意，然后说道："为了让你明白我的提问，首先我必须给你讲一个古波斯的传奇。"

"哦，快请说，雄畅善言的大贤！"哈里发说，"我们都急于聆听您的智慧之语，对我们听者犹如金珠落地声声入耳。"

托雷多的智者，声音坚定沉稳，如同一支车队行旅的稳健行进的步伐，说出了下面这则故事。

29 独力成功

我们听到一则古老的波斯传奇。物质与精神。人世问题与超人世的问题。最出名的一个乘式。哈里发强烈斥责伊斯兰显贵的褊狭之心。

有一位统治全波斯与伊朗大平原的君王，他听闻某个托钵苦行僧曾经宣示：真正的贤人智者，一定知晓并能分辨人生的精神与物质。这位有权势的哈里发名叫阿斯帖，世人一向称他为尊贵祥宁之王。

一日，他召见波斯全地三位最有智慧的人，给他们每人两个第纳尔，对他们这样说道："这座宫殿里有三间一模一样的屋子，屋内空无一物。你们每一位要分别负责将其中一间装满。可是从事这项任务之时，所花的费用绝不可超过你刚才得到的金额。"

这个问题真的很难。每位智者都必须把空屋装满，却不得花费超过这小小两个第纳尔的金额。于是三位智者开始着手完成阿斯帖王交付的艰难任务。

一段时间之后，他们回到谒见大厅。王急于听他们对问题的解决，轮流询问他们。

第一位如此报告："我主我王，我花了两个第纳尔，屋内现在完全满了。我的法子很实际。我买了好几袋干草，将整间屋子从地面到天花板都堆满了。"

"好极了！"阿斯帖王惊奇大呼，"你的法子真是充满想象。我认为你很能意识到人生的物质面，而且能从那个有利观点着手，处理生活呈现给你的问题。"

第二名智者向王屈身行礼后，给了如下答案："我一共只花了半个第纳尔，就达成我的任务。请让我向您说明：我买了一根蜡烛，在空屋里面点上。现在，王啊，您可以亲自来看，屋内完全满了——充满了光。"

"妙极了！"王大声惊叹道，"你的法子太聪敏了。光代表人生的精神面。而你的心灵，依我看来，很能从精神一面，面对人生存在的问题。"

然后第三名智者这样说道："地的四极之王啊！一开始，我本来想让房间保留原封不动。因为我们很容易就可以说：那屋里根本不空，因为显然充满了空气与黑暗。可是我不想让自己看来有懒惰狡猾之嫌，所以决定应如我两位同伴一样，也该有所行动。于是我从第一间拿来一把干草，又用第二间的蜡烛把它点燃，然后又把火灭了。所以现在房间中完全被烟充满。如您所见，如此一来未费我半文钱。您交给我的钱分毫不少，房间却已经充满了烟雾。"

"真是可圈可点！"尊贵祥宁之王阿斯帖惊呼道，"你实在是波斯的最有智慧的人，或许更是全世界最有智慧的人。因为你知道如何结合物质与精神，达成完美的结果。"

托雷多的圣者说完了故事，转向撒米尔，以友善的态度对他说道："我希望你，运算者啊，可以证明你也能够如此结合了物

质与精神，一如我故事中的第三名智者。不只能解决人的问题，还能解决精神灵性的问题。我的问题是这样的：世上最知名的一个乘法算式是什么？所有历史都提到过它，但凡有文化的人也都知之甚详，而且这个乘式只用了一个因子！"

这个问题令全场显贵出乎意料。有人甚至不掩饰他们的不耐。我旁边一位法官就很不高兴地咕哝："这问题简直太过分！"

撒米尔思索片刻，这样答道："唯一只使用了一个因子的乘法，又为所有史家与文人所皆知者，乃是马利亚之子耶稣，用饼与鱼所做的繁增相乘（《新约圣经》记载：耶稣以 5 个饼 2 条鱼喂饱 5000 人，众人吃饱后，剩下的零碎盛起来，又装满了 12 篮。乘法与繁增同字）。在那个乘法里面，只有一个因子，就是真主旨意的神迹力量。"

"再好不过的答复！"托雷多圣者说道，"这是我所听过最好的答案，数数的人完全无可辩驳地答复了我提出的问题。赞美归于安拉！"

在场的真主信者当中，有些人心地不够宽容，只见他们震惊地面面相觑，人群传出窃窃低语。哈里发高声地打断他们："安静！你们所有的人！我们应该尊崇耶稣——马利亚的儿子，他的名字在安拉的圣书中提过 19 次。"

他转向第五位贤智者，和气地说："我们在等你来发问了，纳西夫·拉哈大人。你是下一位。"

王一声令下，第五位智者站起身。此人身材肥胖、发色花白，头上没有缠头巾，却戴一顶绿色小帽。他在巴格达非常有名，因为他在清真寺内授课，向学者们开示先知话语当中比较隐晦不明之处。我曾有两三次见过他从澡堂出来。他的语气紧张，带了几分挑衅意味。

"智者的价值，必须以他的想象力深度衡量。随机挑出的几个数字，详细记诵的史实细节，都只能引起片刻的兴趣而已；一段时间之后，就完全被人忘怀。你们当中，有多少人记得《可兰经》中一共有几个字母？人世间有多少数字、名字、字词，甚至整本整本的书，都注定被人遗忘，永远无可挽回。知识本身，并不能令一个人变得有智慧。因此我要用下面这个问题，来测试我们面前这位波斯运算者的价值。这个问题，不能单靠记忆力或任何能力本身解答。我想请巴睿弥智·撒米尔告诉我们一个故事，一个简单的寓言。故事中应该有一个 3 除以 3 的分配，虽提出却未获真正执行；另外还要有一个 3 除以 2 的分配，获得执行却没有任何余数。"

"好极了这个点子！"蓝袍老者低声窃语，"我们总算可以摆脱没有人懂的运算，却要听个故事了。"

"可是我敢说，那个故事还是会有数字。"我身旁那位医生不以为然地咕哝，"你等着看吧，我的朋友。所有问题最后都还是回到运算、数字、这个或那个题目。"

"我可希望不会。"老者说。

第五位智者竟提出这种要求，真有点把我吓坏了。撒米尔怎么可能在片刻之间就杜撰出这样一个故事，里面要有一个虽提出却未执行的分法，还有更困难的，一个 3 除以 2 却不剩任何余数的分法。这怎么可能呢？逻辑规定：3 除以 2，当然一定会余 1 啊？可是我将自己的焦虑放在一旁，完全信任吾友的想象力以及安拉的慈心。

数数的人搜索记忆，一会儿开始说下面这个故事。

30 三物以类聚

数数的人讲了一个故事。老虎建议如何 3 分 3。胡狼主张 3 分 2。如何在强者的数学中求得商数。小绿帽大人称赞撒米尔。

以安拉之名，有智慧又有怜悯的！

某次，一只狮子、一只老虎、一只胡狼结伴，离开它们居住的阴暗洞穴，一起踏上友好的长途旅程，到各地漫游以寻找盛产柔嫩可口的羊只之地。

走在大森林的中央，那只令人畏惧的狮——它自然是这个小群体的首领——感到后面两只狮爪有些疲累了，于是一甩它巨大的狮头，发出一声狮吼。如此凶猛，连最近旁的林木也不禁摇晃颤抖。

吓坏了的老虎与胡狼面面相觑。首领发出的那一声恐怖狮吼，不但把林中的宁静打破，同时也向这另外两只徒从宣示着——粗略地可译成："我饿了！"

"我了解您的不耐，"胡狼焦虑地对狮子说，"可是我敢向您保证，这林间有一条没人知道的秘道，只要沿此路走去，很快

就会到一个小村落，那里几乎已经是一片废墟，但是有丰富的猎物，就在我们的利爪非常可及的范围之内……"

"那就让我们快去，胡狼！"狮子大吼，"立刻带我到这个美妙的地方去！"

到了黄昏，在胡狼领路之下，三名旅者抵达一处低矮的山头，从那里望下去，可以看见宽广碧绿的平野，平野中央有三只温良的动物正在吃草：一羊、一猪、一兔，完全未意识到已有危险近身。

一看有这么容易上手铁定跑不了的猎物，狮子一摇它丰沛的狮鬃，显然非常满意，狮眼放光充满了贪婪地转向虎说，口吻相当和气："啊，我优秀的老虎！我们看见那里有三只绝佳又可口的动物：一只羊、一只猪、一只兔。你呢，是个大专家，现在要负责为我们仨来分它们仨。公平、公正地分——务必合乎兄弟情谊，把这三只动物分给三个猎者吧。"

虚荣的老虎听见这番邀请恭维，受宠若惊，先是假意地谦让一番，连吼几声，表示自己哪里够格担下这项重任，然后这样回答："哦，大王，您慷慨建议的分配非常简单，很容易就可以达成。羊呢，是最好又最可口的，可以满足一整批沙漠雄狮的饥饿，当然该由您独享，绝对是您的美食。那只猪呢——骨瘦如柴，又脏又不像样，连那只肥羊的一条腿都比不上——自然只能给我，因为我谦虚为怀，少少一些就已心满意足。而最后，那只又小又可怜的兔子呢，没多少肉，完全不配一位王者的味蕾，就赏给我们的朋友胡狼，酬谢它为我们领了这么有价值的一条路。"

"白痴！十足的自我！"狮子大怒，吼声令人畏惧，"谁教你这种分法？愚蠢的家伙！谁曾看过3除以3会除出这样一种结果？"

狮子举起它的巨掌，一把挥向毫无提防的老虎的脑袋，如此之猛，老虎立刻倒在几英尺之外死了。然后狮子转向胡狼说道——此时后者目睹这3除以3的悲剧除法已经吓得发昏："好，现在，我亲爱的胡狼，我一向非常看重你的智力。我知道你是个足智多谋的家伙，我也知道只有你才能智巧地解决最困难的问题。因此我托付你来做这个除法。明明是这么简单的小事，那只愚昧的老虎却不能满意地解决，你刚才也看到了。所以现在好好地瞧上一瞧吧，胡狼吾友，那3只令人垂涎的动物：羊、猪、兔。我们两个，有3顿食物要分。所以做你的除法分配吧——我很想知道我的那一份，到底会分得多少。"

"我不过是您谦卑可怜的仆人，"胡狼逆来顺受地呜咽道，"自然只能恭敬听命。正如一位智能的运算者，我要将这3只动物以2来除，非常简单的分配！最确定又最公平的数学分法如下：那只美好的肥羊，配给王者享用，自然只配入您大王之口，因为毫无疑问您是万兽之王。那只开胃的猪，它的轻柔呼噜您可以从这里听见，也当然只能给您皇家的味蕾享用，因为有识者都知道：猪的肉可以让狮子增强体力、精力。而那只长着两只大耳朵、易受惊吓的怯懦小兔，也是专供您咬嚼的美味，因为在最美味的盛宴上，最鲜美可口的菜肴总是由王者享用。"

"无双无匹的胡狼！"狮子大喊，为它刚刚听到的分配法陶醉不已，"多么有智慧又和谐啊，你说的话总是如此悦耳！是谁教你的这项绝技，将3除以2分得如此确定又完美？"

"那当然是多蒙您方才向老虎施行的公理正义，它竟然不知道如何用3来除3。当其中一方是狮子，另一方却只是区区胡狼，在强者的数学里，我一向都这么说的：那商数可是再清楚明白不过了。至于弱者呢，当然只能得余数而已。"

于是从那一日起，既已建议做出如此分配，这只充满野心而卓下的胡狼灵机一动，打定了主意：自己只能以寄生虫的姿态，接受狮口饱餐之余的残食，才能平安苟活。

可是，它还是打错了主意。

两三周之后，又怒又饿的狮子，被胡狼卑躬屈膝的奴相给弄烦了，一火起来干脆把它也宰了，一如先前杀了老虎一般。

这个故事的道德意义是：务要说出真相，说上一千零一次。因为真主的惩罚，比罪人自家的眼皮离他自己还要更近。

"所以，最贤明又有智慧的裁判！"撒米尔总结道，"以上就是一则最简单的寓言，在其中有两个分配的除法。第一个是 3 除以 3，提出却未执行；第二个是 3 除以 2，执行了却没有余数。"

数数的人说完了，全场一阵深深的静默。所有在场的人，都热切地静候那位严肃智者的裁定。

纳西夫·拉哈大人神经质地调整了他的绿色小帽，又抚了抚他的须，才似乎语带保留地说出他的判决："你刚才说的故事，完全合乎我的要求。我承认我从没听过这样的故事。而且在我看来，这确是一个有价值的好故事，连希腊人伊索都不能说得更好。以上就是我的意见。"

撒米尔的故事，蒙戴小绿帽的智者大人批准，也令在场所有达官贵人听得很高兴。克鲁遮大君，我们哈里发的贵客，高声向全场宾客宣布：

"我们刚才聆听的故事，含有一个重要的道德寓意。那些在朝中逢迎拍马的讨厌人，趴伏在权势者的地毯上，或许一开始，能靠着他们的奴性得到点什么，但最终还是会受到惩治，因为真主的处罚总是近在手边。待我回国后，我要把这个故事告诉我所有的朋友与认识的人。"

哈里发也认为撒米尔的故事相当精彩，并指示将这则 3 除以 3 的分配寓言，收录在他的档案里面。这个故事的道德教训发人深省，配以黄金字母，记载在高加索区雪白蝴蝶的透明翅上。

第六名智者立刻站出来了。

他来自西班牙的哥多瓦，在那里住了 15 载，因为惹恼了君王而必须出逃。他是个中年人，圆圆的脸庞，风趣开朗。他的爱戴者说：他最擅长以幽默的诗文讥嘲暴君，技巧最是高明。然而六年之久，他只是在也门担任一名向导。

"统辖世间的哈里发！"他向哈里发说道，"我刚才听到一则出色的寓言，由衷感到万分的满意。这则 3 除以 2 的故事，在我看来包含了一个伟大的教训、一项深刻的真理。这项真理，如正午的日头一般清楚确定。我实实在在地觉得，道德箴言若以故事或寓言的形式呈现，往往最为生动。我也知道一个故事，里面没有除法、没有平方根、没有分数，却含有一个逻辑问题，只能以纯粹数学推理论证的方式解决。我会以故事的方式来述说，然后，我们就要看看我们这位优异的运算家，如何破解其中的问题。"

于是，哥多瓦的智者便说了下面这个故事。

31 白纸黑字

哥多瓦的智者说了一则故事。达依姿公主的三名追求者。五块圆木片难题。撒米尔如何解释一名聪明的求婚者的推衍逻辑。

那位知名的阿拉伯史家马库多，在他22卷的巨作里面，谈到七海、大河、名象、星辰、山岳、中国的帝王、一千种其他各类事物，却完全未曾提及那位"犹豫不决王"卡辛姆的独生女儿达依姿，甚至连她的名字都没提过一次。没关系。尽管如此，达依姿依然永远不会被人忘记，因为在阿拉伯的文学创作里，她的名字出现在40万首诗中，数以百计的诗人迷恋地歌颂她的美貌。单单是用以描写她那双美眸的墨，如果转换成油，就足以点亮开罗城半个世纪。你也许会想，我在夸大其词了。可是，我的兄弟们，我并没有，因为夸张乃是一种谎言。不过，还是让我开始说我的故事吧。

"当达依姿公主芳龄18岁又21天那日，有三名王子来求娶她为妻，他们的名字也流传在传奇里面，分别是阿勒汀、宾尼发、柯莫赞。

"卡辛姆王犹豫不决,做不了决定。这三名富有的求婚者当中,他如何选出一位可以和他爱女成婚的对象。如果由他去选,会产生下列无可挽回的致命结果:他,身为国王,虽会获得一个女婿,但另外两名失望的追求者却会含恨成为他的敌人。这是个棘手的决定,对这位敏感而谨慎的王来说,他只想与他的子民安居,与邻国和平相处。他去问达依姿公主,可是公主宣告她只嫁给最聪慧的人。

"她的决定令卡辛姆大喜,因为他看到一个简单的方法,可以解决这项似乎不可能的抉择。他召来朝中最有智慧的五位智者,吩咐他们用严格的考题测验三名王子,以决定三人之中到底谁最聪慧。

"任务完成,智者五人小组回报卡辛姆王,三位王子实在都是最最聪慧之人。他们都精通数学、文学、天文、物理。他们也都能解决困难的棋题、参透几何的精妙,以及各式复杂的谜题。'我们实在看不出有任何方法,'智者说,'可以明确决定到底该中意他们其中任何一位。'

"他们令人泄气地失败之后,王决定请教一名穆斯林托钵苦行僧,后者素以熟谙魔法与神秘学而知名。

"托钵苦行僧向王报告:'我只知道一个法子,可以让我们决定三人之中哪位王子最为聪敏——用五块圆木片来测试。'

"'那让我们快试吧!'王叫道。

"于是三名王子被召进宫,托钵苦行僧给他们看五块简单的圆木片,对他们说:'这里是五块圆木片,二黑三白。大小都相同,只有颜色有异。'

"然后一名青年侍从仔细将三名王子的眼睛蒙上,让他们看不到。年老高僧随意挑出三块圆木片,分别绑到三名求婚者的背上，边绑边说道：'你们每人身后都绑了一块圆木片，你们不知道它的颜色。现在你们可以轮流作答，找出自己身上圆木片的颜色。说对的人就会被宣布为胜利者，可以获得我们美丽的达依姿公主为妻。首先被问到的，可以看另外两人的圆木片。但是第二个作答的，却只能看第三人的圆木片，第三个作答的，就只能自行判断而不能看其他两人的圆木片。而说出正确答案的人，为证明他并不是凑巧碰对，也必须用清晰明白的论证，说明他推理的过程。好，现在谁要第一个来？'

"'我先来吧。'柯莫赞王子立刻表示。

"青年侍从将王子眼上蒙着的布条取下，柯莫赞王子看见两名对手背后的圆木片。高僧将他带到一旁听取他的答案，却错了。他只好宣布自己败北，黯然退下。他已经看到另外两人身后的圆木片，却依然无法断定自己那块圆木片的颜色。

"'柯莫赞王子已经失败了。'王高声说，以通知另外两位。

"'那么接下来让我来吧。'宾尼发王子说。第二位王子脸上的眼罩一被取下，就看到第三位王子背上的圆木片。他向高僧示意，在后者耳中轻声说出他的答案。高僧摇摇头。第二位王子也错了，也被要求立刻退下。现在只剩下一位阿勒汀王子。

"王一宣布第二位追求者也失败了，阿勒汀王子立刻走上前，眼睛还蒙着布条，就高声说出自己背后那只圆木片的正确颜色。

故事说完了，哥多瓦的智者转向撒米尔，说道："阿勒汀王子不但说出了他的答案，同时更以完全的把握做出了他的推论，得出他对这五块圆木片难题的解答，因此赢得美丽的达依姿的玉手，可以娶她为妻。好，现在我希望你告诉我，他的答案是什么；其次，他又怎么能如此确定，立刻就说出他自己那块圆木片的颜色。"

撒米尔垂头思索了一会儿,然后抬眼给了下面的解释,声音清晰坚定:

"阿勒汀王子,您这个奇异故事中的男主角,对卡辛姆王说:'我的圆木片是白的。'并且在说的同时,他也知道自己的答案是正确的。那么,他是用什么样的推理推出这个结果的呢?他首先考虑:先前那两名求婚者必然看到的情况。

"第一位王子柯莫赞,虽看到两位对手背后圆木片的颜色,却给出了错误的答案。他为什么错了呢?他错,是因为他无法确定。可是如果他看到的是两块黑色圆木片,他就不可能答错,更不会有任何怀疑。他会对国王报告:'我看见两名对手各绑一块黑色圆木片,既然一共只有两块黑色圆木片,那我的圆木片必是白的。'

"可是柯莫赞的答案并不对,表示他看到的圆木片不都是黑的。如果不都是黑的,就有两种可能。不是两块皆白,就是一黑一白。如果说,他看到的是两块白色圆木片,阿勒汀王子推论:那么我身上的那块一定就是白的。可是如果柯莫赞看到一白一黑,那么我们另外两人是谁绑着黑色圆木片呢?如果是我,阿勒汀推论,那宾尼发也必会知道答案。

"事实上,宾尼发会这样推断:我看见第三位王子身上绑着黑色圆木片。如果我的也是黑的,那么第一位王子柯莫赞就会看见两块黑色圆木片,就不可能答错;可是他既然确是答错了,表示我的圆木片一定是白的。可是,第二位王子宾尼发还是猜错了,所以他一定也是因为无法确定。阿勒汀王子推论:宾尼发王子之所以不能确定,一定是因为我背上的圆木片不是黑的,而是白的。所以阿勒汀王子推论如下:根据第二项假设,我的圆木片必定是白的。

"这就是阿勒汀推论的经过，"撒米尔陈述道，"他为何能够如此确定地答复：'我的圆木片是白色的。'"

哥多瓦的智者听了，向哈里发宣布：撒米尔对五块圆木片的解答完全正确，才华实在横溢。他的推理简洁明晰，而且无懈可击。智者又表示：他断定在场众人，也都听明白了这个题目。因此日后任何时候，沙漠之中车队若停下来歇息，必然也能复述谈讲这个题目。

我前方的红色坐垫上，坐了个也门大爷，皮色黝黑、长相邪恶，浑身上下佩戴了许多珠宝。他向身旁的友人低语："你听到了吗？塞耶格队长，那个哥多瓦家伙说，我们应该都已经听懂了那个什么黑白圆木片的故事。我可是非常怀疑。我自己就一个字儿都听不懂。你不觉得吗？只有不知哪门子疯癫怪僧，才会想出这种劳什子主意，把个什么黑圆木片、白圆木片，放到三名求婚者的背上去。我看，倒不如到沙漠里来场骆驼追逐大赛，岂不更实在吗？赛骆驼，一定会有明确的人选胜出，事情就可以完满地解决了，不是吗？"

塞耶格队长没作声，似乎不想理会那个愚蠢的也门人——竟想用沙漠中的骆驼赛跑，来解决一个爱的题目！

哈里发和气地宣布，撒米尔已经通过第六场测验。

那么我们的朋友，这位数数的人，是否也能在第七场也就是最后一场依然成功呢？他会以同样的才华克服这项考验吗？只有安拉知道真相！

最后，每件事似乎都朝着我们原先希望的方向发展。

32 妥协斡旋

一位黎巴嫩星相家向撒米尔提问。最轻的那颗珍珠之题。星相家引诵诗歌赞美撒米尔。

第七位圣者，也是最后一位要来询问撒米尔的考官，是一个几何大家兼星相学家，名叫莫希汀·伊哈拉·巴那毕克撒卡，是伊斯兰全地最响亮的名字之一。他生于黎巴嫩，他的大名被刻在五间清真寺内，他的著作甚至连基督徒也捧读。伊斯兰国度的天空下，简直不可能再找到另一位比他更具才智或更博学多闻的人了。

博学的巴那毕克撒卡，声音清澈，如下说道："我真的非常欢喜，能听到直至目前为止所听到的每一件事。这位卓越的波斯数学家，已经一而再地证实了他无可质疑的才华。因此我想，作为我在这场精彩考试里的任务，向他提出一个有趣的问题，这是我年轻时从某位佛教大和尚那里听来的题目，此人对数字非常精通。"

哈里发显露出极大的兴趣，喊道："那快让我们听上一听吧，我阿拉伯的兄弟！我们会以最高的兴味，聆听你的问题。我们这位年轻的波斯人，到目前为止，都已经显示他在运算这个领域居于不败地位，我希望他也会知道如何解决一位老和尚的谜题。"

黎巴嫩来的智者，看见他的话已引起王及在场所有人的注意，便开口说道，说话的同时他的目光强烈敏锐地注视着数数的人："我这个题目，最恰当的名称应该是'最轻的那颗珍珠之题'。"

他继续说道："印度贝拿勒斯有位商人，拥有 8 颗珍珠，形状、大小、色彩，全都一模一样。8 颗珍珠当中，有 7 颗连重量都相同，可是第八颗却稍微轻些。这位商人，如何能找出哪一颗是比较轻的那一颗呢？他可以用秤来量，可是一共只准称 2 次，而且不可使用任何砝码。这就是我的问题了，愿安拉引领你，哦，数数人，找出一个简单而完满的答案。"

听到以如此方式陈述的问题，坐在塞耶格队长旁边的一名衣领为金色的白发老大爷，喃喃低语道："多么简练的一流题目啊！这位黎巴嫩人真是个天才。赞美归于黎巴嫩，香柏木的国度！"

巴睿弥智·撒米尔以他惯有的短暂思考之后，便用缓慢而坚定的口吻答道："我觉得，这道佛教徒的题目并不难解。只要循着一条清楚的推论理路，肯定可以引导我们走向解决之道。

"让我们来看一下。共有 8 颗珍珠，形状、色泽、大小、色彩，全都一模一样。我们也得到保证：除了一颗珍珠比较轻之外，其余 7 颗连重量也全都相同。唯一可以找出哪颗珍珠比其他更轻的法子，只有用秤来称，而且必须是一个刻度极细的天平，有着长长的秤臂与轻轻的秤盘。还有一个条件：这天平必须精准无误。如果我将珍珠拿来，两两放在秤上，左右秤盘各一颗，自然很容易，最后一定会发现重量稍轻的那颗珍珠。但如果这颗珍

珠在称到最后一对的时候方才现身，就一共得量上4次，而题目却规定我只准量2次就得发现答案。因此最简单的解法，我觉得似乎是这样的：

"且让我们将珠子分为三组：A、B、C。A组3颗，B组也有3颗，C组则为余下的2颗。然后只需要称两次，我就能发现哪一颗是那颗较轻的珠子，既然其他7颗的重量全都一模一样。

"让我们先把A、B两组放到秤上，左右两盘各放一组。会发生两种情况：A、B两组重量相同，或一组比另一组重。

"第一种状况下，既然A、B两组同重，我们可确定那颗比较轻的珠子必不属于这两组当中任何一组，因此它必是C组两颗的其中一颗。我们只消再把那两颗拿来一称，左右各放一颗，那么天平就会在这第二次称量时，显示出哪颗珍珠是比较轻的了。

"但是在第二种情况之下，假设A组比B组轻，或反之亦然。那么就很明白了，轻的那颗珠子必在两组其中一组。于是从那一组里，让我们再任取其中两颗，分别放在两个秤盘里面，做第二次称量。如果两盘等重，那么这同一组里的第三颗，我们放在一旁未称的珍珠，就是较轻的那颗。如果两盘不等重，那么较轻的珍珠所在的那个秤盘，就会倾斜升高。

"所以如此一来，那位佛教大师提出的问题就解决了。在此将我的解决方案，呈给我们卓越高贵的客人，黎巴嫩来的圣者。"

星相大家巴那毕克撒卡称赞撒米尔给出的解答确是无可挑剔，他如此说道："只有一位真正的数学家，才能做出如此完美的推理。我方才听到的解答优美又简洁，真是一篇真正的诗章。"

于是黎巴嫩星相家向数数的人致敬赞礼，他引颂奥玛·珈音的诗歌，那是一位最上等的波斯大诗人，也是出名的大数学家：

　　若你曾将一枝爱的玫瑰，贴近你的胸怀……
　　若你曾将你的谦卑祈祷，奉向唯一且公义的至
高真主……
　　若你曾举你杯，曾向生命致过一日礼赞……
　　你就未曾白活，未曾虚度……

撒米尔深受这赞语感动，低首致谢，右手放在他的胸前。

33 看法完全一致

哈里发穆他辛姆要奖赏撒米尔。黄金、财物、宫室，撒米尔都不要，却只请求能赐他一位玉人为妻。黑眼珠与蓝眼珠的难题。撒米尔用推理找出五名女奴的眼珠颜色。

撒米尔完成了黎巴嫩智者提出的考验，哈里发与两名顾问低声商议之后，向他说道：

"根据你对所有考题所做的答复，你已经证实自己配得我应允要赐你的奖品。因此我给你一个选择：你是想要两万枚金币呢，还是喜欢在巴格达有座宫殿？你愿意担任一省总督呢，还是你情愿在我的朝中就任高官要职？"

"哦，慷慨的王啊！"撒米尔答道，深深受到感动，"我不寻求财富，也不要名衔或礼物，因为我知道这些事物其实并无价值。它们虽可以为我带来名声威望，我却不受吸引。因为我的心灵，不寻求世上财物的短暂荣华。但是若蒙您恩准，要让我成为所有穆斯林欣羡的对象，如同您先前允诺，那么我的要求乃是：我希望能获得年轻的泰拉辛蜜的玉手，娶爱以兹德·阿布都·哈密德老爷的女儿为妻。"

数数的人这令人惊异的要求，引起一阵无可形容的骚动，全场大哗。从我听见的周遭议论纷纷的言辞里，我知道所有在场的人都深信撒米尔不大正常。

"那人发神经了，"我身后那个瘦削的蓝袍老者喃喃道，"疯子。我说。他拒绝了财富，他转身不要名位。他拒绝了这一切，却只要一个他从未见过面的年轻女孩儿！"

"他真的是神志不清，"有疤的那个男人也凑上一句，"没错，在发谵妄语了。他竟然要求娶人家女孩子为妻。说不准，那女孩儿可能很嫌恶他呢！我的真主！"

"会不会是那张蓝地毯的魔咒？"塞耶格队长低声问道，不见得没有几分坏心眼，"那张蓝地毯，使他着了魔吧？"

"蓝地毯！还真的呢！"老者叫道，"世上哪有可以赢得女人心的符咒啊！"

我注意听着这些议论，一面假装在想别的事情。听到撒米尔的请求，哈里发皱起眉头，表情看来相当严肃。他把爱以兹德老爷召到面前，两人又低声密议了好一会儿。他们的商议会产生什么结论？爱以兹德老爷会答应把女儿嫁给他吗？

一会儿之后，在全场一片深沉静默中，哈里发开口说道："我不会反对你与美丽的泰拉辛蜜幸福联姻，哦，撒米尔。而我可敬高贵的友人爱以兹德老爷，我刚才也已问过他了，他也愿意接受你做女婿。我了解你是一位有品格的君子，教育良好，又深具虔诚信仰。诚然，美丽的泰拉辛蜜的终身，的确已经许给大马士革的一位老爷，他现在正在西班牙作战。但如果泰拉辛蜜自己希望改变她的人生路径，我也不会从中阻挠。啊，这都已经是写下了的！箭一离了弓射出，就快乐地呼喊：'我自由了我自由了！'事实上它却是在欺骗自己。因为它的命运，其实早已被弓箭手对准目标，方向早已安排命定。我们这朵年轻的伊斯兰之花，同样也是这种情况！泰拉辛蜜拒绝了一位富有又高贵的老爷，他明日就可能荣任高官或总督。她却愿意接纳一个无名无利寒微的波斯运算者，做自己的丈夫。这是早经命定写就的！唯愿这是安拉所希望的旨意！"

哈里发顿了一下，又有力地继续说道："不过，我只设下一个条件。你必须在所有聚集在此的众人之前，解开一道奇怪的问题。这道题目是由开罗来的一位大僧所设，如果你能正确破解，你就可以和泰拉辛蜜成婚。如果不能，你就必须永远放弃这个疯狂的梦想，而且不能从我这里得到任何东西。你接受这些条件吗？"

"哦，所有虔信者的主啊！"撒米尔坚定地回答，"就只请您告诉我，要我解决的题目是什么吧……"

于是哈里发说道："题目，简单地说，是这样的：我有 5 名美丽的女奴，最近才从一位蒙古王公那里购得。这些年轻迷人的女子，其中 2 人的眼珠是黑的，其他 3 名则是蓝的。2 个黑眼珠的，对任何问题总是答以实话；可是 3 个蓝眼珠的，却生来就是爱撒谎的，从来不答真话。不一会儿，这 5 名女奴就都会被带到这儿来，脸上都用厚纱蒙住，因此你不可能看见她们的脸庞。但是你必须找出，不容有任何犯错的空间，她们谁的眼睛黑、谁的眼睛蓝。5 人当中，你可以向 3 人提出问题，每人一题。你必须从这 3 个回复中推出正确答案，并解释你推得答案的确切过程。而你对她们提出的问题，也必须简单明白，完全在这些女奴能够答复的合理范围之内。"

一会儿之后，在众人好奇的密切注视之下，5 名女奴出现在谒见厅内，脸上都用厚重面纱蒙住，犹如沙漠中的幽灵。

"5个都到齐了，"哈里发有些语带骄傲，得意地宣布道，"她们当中，有2人正如我所告诉你的，眼睛是黑的，而且只说实话。另外3个的眼睛则是蓝的，而且总是说谎。"

"岂有此理！"瘦老者讷讷抱怨，"想想看我运气多背啊！我叔叔的女儿是个黑眼的，黑透了——可是她整天老是扯谎，从不说实话！"

他这话在我听来，似乎极不得体。这是非常严肃的场面与时刻，不适合开任何玩笑。还好，没人注意到这莽撞老家伙的恶劣语言。撒米尔知道自己正面对决定人生的关键时刻，或许是他整个人生的最高点。巴格达的哈里发，已经给了他一个奇特又艰巨的难题，而且其中可能充满陷阱，有着想象不到的危险。他可以向其中3名女奴自由发问，但是她们的答复又如何能显示她们的眼睛到底是黑是蓝呢？她们当中，又该问哪3个呢？他又怎么知道，他没问的那2名女奴的眼睛，会是什么颜色呢？

整个安排之中，只有一事确定：那就是2个黑眼女奴总是说实话，另外3个蓝眼女奴却一定说谎话。但是，这样就够了吗？而且撒米尔询问她们的问题，还必须简单自然，完全在被问女孩们可以充分理解的范围之内。但是他又怎么能够确定她们的答复是真是假？这实在是太困难了。

5名戴着面纱的女奴一字排开，站在豪华大厅的正中央。全场一片静寂，达官贵人兴致盎然，等着看撒米尔如何解决他们的王提出的这道奇特问题。数数的人走向排在右边末端的第一位女奴，静静地问她："你的眼睛是什么颜色？"

女孩的答复，显然是用中文，一种在场无人能够理解的语言。我自然完全不懂。听她这样回答，哈里发下令：下面两个答

复一定要用阿拉伯语，简单而精确地作答。

出现这意想不到的挫败，事情对撒米尔来说越发艰难了。他只剩下两个问题可以问，但针对他第一个问题所作的答复，却可说完全浪费了。

但这意外似乎并未令他气馁，他走向第二位女奴，问她："你的同伴刚刚给的答复是什么？"

第二名女奴答道："她说：'我的眼睛是蓝的。'"

这答复完全无法厘清任何事情。第二名女奴说的，到底是实话还是假话？第一个又是如何呢？那是她真实的答复吗？

接下来，撒米尔询问队伍中间的第三名女奴。

"我刚刚问过的那两个女孩，她们的眼睛是什么颜色？"

第三个女孩，也就是最后一个受到询问的，答复如下："第一个女孩是黑眼睛，第二个是蓝眼睛。"

撒米尔停顿了一会儿，然后不慌不忙地走向王座，说道："所有虔信者的主啊，安拉在地上的影儿，我对您的问题有解答了，而且完全用严格的逻辑推衍而得。右边第一名女奴的眼睛是黑的，第二个是蓝的。第三个也是黑的，其他两个是蓝的。"

一闻此言，五名女奴全都揭开面纱，露出带着笑靥的脸容。整间大厅扬起惊叹声。撒米尔以无瑕的聪慧才智，完全无误地说中她们五人的眼睛颜色。

"所有的赞美归于先知！"王惊呼道，"这问题已有数百名智者、诗人、文士试过，最后却是这位谦虚的波斯人，唯独他有能力正确解答。你是怎么推得你的答案的？说给我们大家听听，我们想看你怎能如此确定你的答案。"

数数的人于是做了如下说明。

"我问第一个问题的时候——你的眼睛是什么颜色——就知

道那个女奴的答案必定只有一个，就是‘我的眼睛是黑的’。因为如果她确是黑眼睛，她就会说实话，但如果她是蓝眼睛，她就一定会说谎。所以只会有一个答复，就是‘我的眼睛是黑的’。我也只期待听到这样的回答。可是女孩却用大家都听不懂的语言回答，反而大大地帮了我的忙。我假装不了解，因此又问第二个女奴：‘你的同伴刚刚给的答复是什么？’并得到了第二个答复——‘她说：我的眼睛是蓝的。’这个答案向我证明，第二个女孩子在说谎。因为既然如我先前已经显示，这不可能是第一个女孩的答复。因此，第二个女奴显然在说谎，她就是蓝眼睛。在解决这个问题上，哦，王啊，这是个关键。五名女奴之中，至少有一名，我已经以数学逻辑的肯定，认出了她的眼睛颜色。也就是第二名女奴，她没说实话，因此她是蓝眼睛。

"我第三个也就是最后一个问题，是向行列中间的那个女孩发问：‘我刚刚问过的那两个女孩，眼睛是什么颜色？’她给了我下面这个答复：‘第一个女孩是黑眼睛，第二个是蓝眼睛。’既然我早已知道：第二个女孩确实是蓝眼睛，那么听到第三个女孩给予的答复，我还能做出什么结论呢？非常简单。第三个女孩没有说谎，因为她确证了我已经知道的事实，也就是第二个女孩子的确有双蓝色的眼睛。她的答复也告诉我，第一个女奴是黑眼睛。而既然这第三位女孩并没说谎，说出了事实真相，那么她自己也应该有双黑色的眼睛。从这里开始，下面就很简单了，只要用排除法就知道另外两个女孩有着蓝眼睛了。

"我可以向您保证，王啊，在这个问题上，虽没有任何等式或代数符号出现，还是可以经由纯粹数学的严密逻辑，推得完美的解答。"

哈里发的难题就这样解决了。可是对撒米尔来说，很快地，还有另一个更大的考验在等着他：泰拉辛蜜——他在巴格达梦想的珍宝。

一切颂赞归于安拉，他造了女人、爱与数学！

34 生命与爱的题目

> 我将撒米尔的故事做一结束，
> 那位数数的人。

1258 年，伊斯兰历问候月（七月）第三个月亮那日，大批鞑靼人与蒙古人在成吉思汗的一位孙子领军之下，攻打巴格达城。

爱以兹德老爷在近苏莱曼桥处，奋力作战，不幸阵亡。哈里发穆他辛姆被掳为囚，遭蒙古人斩首。巴格达城破，敌人大肆劫掠后，又残忍地将其夷为平地。辉煌壮丽的名城，500 年来文艺之都、科学重镇，成了一堆瓦砾废墟。

幸运眷顾了我，并未目睹这场破坏文明的野蛮罪行发生。三年之前，当慷慨大度的大君克鲁遮去世之际——愿安拉赐他安宁！——我已经与泰拉辛蜜和撒米尔一同去了君士坦丁堡。

我每周都去拜访他，偶尔不免欣羡他和妻子、三个儿子一家五口幸福和乐的生活。每当我见到泰拉辛蜜，我就想起诗人的诗句：

欢唱啊，鸟儿，唱出你最纯洁的歌声！

照耀啊，阳光，照出你最甜蜜的光辉！

射出你爱的箭矢啊，爱之神！

愿你的爱得祝福，女士！你的喜悦是大的！

　　毫无疑问，在所有问题之中，撒米尔解答得最好的一题，就是生命与爱的题目。

　　我就在此打住吧，既不用数字也不以公式，这位数数的人的故事。